図解即戦力

オールカラーの豊富な図解と
丁寧な解説でわかりやすい！

ChatGPTの
しくみと技術が
しっかりわかる
教科書

これ1冊で

中谷秀洋
Nakatani Shuyo

技術評論社

ご注意：ご購入・ご利用の前に必ずお読みください

■ 免責

本書に記載された内容は、情報の提供のみを目的としています。したがって、本書を用いた運用は、必ずお客様自身の責任と判断によって行ってください。これらの情報の運用の結果について、技術評論社および著者は、いかなる責任も負いません。

また、本書に記載された情報は、特に断りのない限り、2024年7月末日現在での情報をもとにしています。情報は予告なく変更される場合があります。

以上の注意事項をご承諾いただいた上で、本書をご利用願います。これらの注意事項をお読みいただかずにお問い合わせいただいても、技術評論社および著者は対処しかねます。あらかじめご承知おきください。

■ 商標、登録商標について

本書中に記載されている会社名、団体名、製品名、サービス名などは、それぞれの会社・団体の商標、登録商標、商品名です。なお、本文中に™マーク、®マークは明記しておりません。

はじめに

　ChatGPTは米OpenAI社が2022年11月末にリリースしたAIチャットツールです。ChatGPTは従来のチャットボットと比べて格段に進化しており、リリースして2ヶ月で1億アクティブユーザーを突破するなど、その登場は即座にブームを巻き起こしました。それ以前にユーザ増加が最も速かったTikTokでも1億ユーザーに到達するのに9ヶ月要したことと比べると、ChatGPTのインパクトの大きさがわかります。

　ChatGPTは社会にも大きな影響を与えています。GPT-4がアメリカの司法試験で合格点を得たニュースや、1ベンチャーであるOpenAI社のアルトマンCEOが日本の首相と会談してOpenAIの日本拠点設立を協議するなど、今までの常識を超えることが起きている実感があります。

　ChatGPTとそれまでのAI技術との一番の違いは、自然な文章でAIに指示を与えられる高い汎用性です。それにより、AIの専門家でない一般の人でも望む機能をAIで実現可能になりました。

　この本は、そうしたChatGPTの高い汎用性を実現するキーである大規模言語モデルの仕組みを解説します。しかしChatGPTはAIの専門家でなくても使えるのに、なぜChatGPTの仕組みの本を読むのでしょう？

　その理由の1つは、機械が人間の言葉を理解し、難しい指示にも的確に従うまるで魔法のような機能が、現実の技術であると理解するためです。それにより、その得意不得意や応用の可能性、性能や精度を伸ばすための要素、今後の発展の方向性を考察できるようになります。

　いや、もっと素直になってもいいかもしれません。こうした技術は楽観的な予測でもまだあと30年はかかるとか言われていました。そんな夢見ていた時代がこんなに早く来てくれて、間違いなくコンピュータ上の計算で実現されているなんて、理解したくてたまらないですよね！

　仕組みの解説だけでなく、「生成AIは学習データを切り貼りしているだけ？」「AIが反乱して人類滅亡する可能性は？」などといったAIにまつわるコラムも多くありますので、楽しんで読んでもらえると嬉しいです。

2024年7月　中谷 秀洋

目次 Contents

1章 ChatGPT

01 ChatGPTとは ……………………………………………………………… 014
　ChatGPTの始め方 ………………………………………………………… 014
　ChatGPTの利用例 ………………………………………………………… 015

02 ChatGPTの便利な機能 …………………………………………………… 020
　チャットコメントの編集と操作 …………………………………………… 020
　チャット履歴と共有 ………………………………………………………… 021

03 プロンプトエンジニアリング …………………………………………… 022
　プロンプトとコンテキスト ………………………………………………… 022
　プロンプトエンジニアリング ……………………………………………… 023

04 ChatGPTのエンジン（大規模言語モデル） …………………………… 028
　GPT-4とGPT-3.5 …………………………………………………………… 028
　Web検索連携機能 ………………………………………………………… 030
　マルチモーダル機能（画像を用いたチャット） ………………………… 031
　Code Interpreter（プログラムの自動実行） …………………………… 032

05 GPTs（AIのカスタマイズ機能） ……………………………………… 034
　GPTs …………………………………………………………………………… 034
　GPTビルダー ………………………………………………………………… 035

06 ChatGPT以外のAIチャットサービス ………………………………… 036
　Google Gemini ……………………………………………………………… 036
　Microsoft Copilot …………………………………………………………… 037
　Anthropic Claude …………………………………………………………… 038

07 AIチャットの利用における注意点 …………………………………… 040
　ランダム性がある …………………………………………………………… 040
　間違いを含む可能性がある ………………………………………………… 041
　禁止行為 ……………………………………………………………………… 042
　入力データの扱い …………………………………………………………… 042
　GPTsの利用における注意点 ……………………………………………… 043

目次　Contents

2章 人工知能

08　AI（人工知能） … 046
　人工知能とは … 046

09　AIの歴史 … 048
　AI研究の歴史 … 048

10　生成AIと汎用人工知能 … 052
　生成AI … 052
　汎用人工知能（AGI） … 054

3章 機械学習と深層学習

11　機械学習 … 058
　機械学習≠機械が学習 … 058
　機械学習の種類 … 059
　推論と学習 … 060
　最適化 … 062
　汎化と過適合 … 062

12　ニューラルネットワーク … 066
　ニューラルネットワークとは … 066
　ニューラルネットワークの仕組み … 066

13　ニューラルネットワークの学習 … 070
　勾配法による学習 … 070
　誤差逆伝播法 … 071

14　正則化 … 074
　ドロップアウト … 074
　バッチ正規化 … 075
　ResNet（残差ネットワーク） … 077

005

15　コンピュータで数値を扱う方法 — 080
2進数による整数と小数の表現 — 080
浮動小数点数 — 081
浮動小数点数の代表的なフォーマット — 082
浮動小数点数の精度とダイナミックレンジ — 084

16　量子化 — 086
モデルサイズとGPUのVRAMの関係 — 086
量子化 — 087

17　GPUを使った深層学習 — 090
計算を速くする方法 — 090
GPU vs CPU — 091
GPUの成り立ちと汎用計算 — 093
深層学習への特化が進むGPUとNPU — 094
GPU/NPUのソフトウェアサポート — 096

4章
自然言語処理

18　自然言語処理 — 100
深層学習以前の自然言語処理 — 100
自然言語処理と深層学習 — 101

19　文字と文字コード — 104
文字コード — 104
Unicode — 105

20　単語とトークン — 108
文をコンピュータに扱えるように分割する — 108
単語や文字による分割 — 109
サブワード — 111

21　トークナイザー — 114
トークナイザーの学習 — 114
語彙数とトークン数のトレードオフ — 116

22　Word2Vec ― 118
「概念」を扱う方法 ― 118
Word2Vecによる単語のベクトル表現 ― 119
Word2Vecが意味を獲得する仕組み ― 121

23　埋め込みベクトル ― 124
トークンのベクトルは「意味」を表さない ― 124
埋め込みベクトル ― 126
さまざまな埋め込みベクトル ― 127

5章 大規模言語モデル

24　言語モデル ― 130
モデルとは ― 130
言語モデルとは ― 131

25　大規模言語モデル ― 134
大規模言語モデルと「普通の言語能力」― 134

26　ニューラルネットワークの汎用性と基盤モデル ― 136
ニューラルネットワークによる特徴抽出 ― 136
基盤モデル ― 137
基盤モデルで精度が上がる仕組み ― 138

27　スケーリング則と創発性 ― 140
スケーリング則と創発性 ― 140
大規模言語モデルのパラメータ数 ― 142

28　言語モデルによるテキスト生成の仕組み ― 144
言語モデルによるテキスト生成 ― 144
自己回帰言語モデル ― 145
貪欲法 ― 146

29 テキスト生成の戦略 — 148
- ランダムサンプリングとソフトマックス関数 — 148
- 「温度」の働き — 149
- 単語生成の樹形図 — 150
- ビームサーチ — 153

30 言語モデルによるAIチャット — 156
- 文生成によるAIチャット — 156
- 大規模言語モデルによるAIチャットの問題点 — 158

31 ローカルLLM — 160
- ローカルLLMとは — 160
- ローカルLLMの環境 — 162
- ローカルLLMによる推論のプロセス — 163

32 大規模言語モデルのライセンス — 166
- ローカルLLMのエコシステム — 166
- ソフトウェアライセンス — 166
- 大規模言語モデルのライセンスの種類 — 167

33 大規模言語モデルの評価 — 170
- 大規模言語モデルの評価方法 — 170
- リーダーボード — 172

34 大規模言語モデルの学習 〜事前学習〜 — 174
- 事前学習と基盤モデル — 174
- 自己教師あり学習 — 174
- 基盤モデルの追加学習 — 176
- 事前学習の訓練データ — 177

35 大規模言語モデルの学習 〜ファインチューニング〜 — 180
- ファインチューニング — 180
- ファインチューニングの方法 — 181
- RLHF (Reinforcement Learning from Human Feedback) — 182
- LoRA (Low-Rank Adaptation) — 184

36 コンテキスト内学習 — 188
- コンテキスト内学習 (In-Context Learning) — 188

6章
トランスフォーマー

37 回帰型ニューラルネットワーク (RNN) — 192
- ベクトルの次元 — 192
- 回帰型ニューラルネットワーク — 193
- 言語モデルとしてのRNN — 194
- 長距離依存性とLSTM — 196
- エンコーダー・デコーダー — 198

38 注意機構 (Attention) — 200
- 人間の認知と注意機構 — 200
- 注意機構の基本 — 201
- エンコーダー・デコーダーと注意機構 — 204

39 注意機構の計算 — 206
- 注意機構の計算 — 206
- 注意機構がうまく動く理由 — 209

40 トランスフォーマー (Transformer) — 212
- トランスフォーマーの基本構成 — 212
- 位置エンコーディング — 215
- マルチヘッド注意機構 — 216

41 BERT — 218
- BERT (バート) の特徴 — 218
- BERTの事前学習 — 219

42 GPT (Generative Pretrained Transformer) — 222
- GPTモデルの基本構造 — 222
- Mixture of Experts — 224

7章
APIを使ったAI開発

43　OpenAI APIの利用 …… 228
　OpenAI API …… 228
　OpenAI API利用上の注意 …… 229

44　テキスト生成API（Completion API等） …… 230
　テキスト生成APIの種類 …… 230

45　OpenAI APIの料金 …… 232
　OpenAI APIのトークン …… 232
　テキスト生成モデルの種類と料金 …… 233
　OpenAIトークナイザーライブラリtiktoken …… 234
　言語ごとのトークン数の違い …… 236

46　テキスト生成APIに指定するパラメータ …… 238
　テキスト生成APIのパラメータ …… 238

47　テキスト生成APIと外部ツールの連携 〜Function Calling〜 …… 242
　Function Calling …… 242
　LangChainライブラリ …… 243
　機械可読化ツールとしてのFunction Calling …… 244

48　埋め込みベクトル生成APIと規約違反チェックAPI …… 246
　埋め込みベクトル生成（Embeddings）API …… 246
　埋め込みベクトル生成APIのモデルの種類 …… 247
　規約違反チェック（Moderation）API …… 248

49　OpenAI以外の大規模言語モデルAPIサービス …… 250
　Microsoft Azure OpenAI API …… 250
　Google Vertex AI …… 252
　Amazon Bedrock …… 253

50　Retrieval Augmented Generation（RAG） …… 254
　外部知識を使ったAIアプリケーションの開発 …… 254
　RAG（Retrieval Augmented Generation） …… 255

8章
大規模言語モデルの影響

51　生成AIのリスクとセキュリティ … 262
　生成AIによる悪影響 … 262
　生成AIの悪用 … 263
　生成AIが不適切な出力を行うリスク … 264
　生成AIを使ったサービスへの攻撃 … 265
　対策とガイドライン … 267

52　AIの偏りとアライメント … 268
　学習データの偏りがAIに与える影響 … 268
　AIの偏りを制御する方法 … 270

53　ハルシネーション（幻覚） … 272
　AIは間違える … 272
　ハルシネーションの正体 … 273
　ハルシネーションの対策 … 274
　ハルシネーションをなくせるか？ … 276

54　AIの民主化 … 278
　AI利用の民主化 … 278
　AI開発の民主化 … 279
　ビッグテックの計算資源 … 281

55　大規模言語モデルの多言語対応 … 284
　ChatGPTは何ヵ国語で使える？ … 284
　大規模言語モデルの言語間格差 … 286
　大規模言語モデルと認知・文化との関係 … 288

56　AIと哲学 … 290
　知能とは？　言語とは？ … 290
　中国語の部屋 … 290

索引 … 294

1章

ChatGPT

この章では、2022年11月末にリリースされたAIチャットツール「ChatGPT」の基本的な特徴と利用方法について紹介します。ChatGPTは、まるで人間と会話しているかのような自然な対話を可能にするツールであり、その豊富な知識と多機能性から、世界中で大きな注目を集めています。会話を始める方法や具体的な使い方、そして応用例などを通じて、ChatGPTの魅力と可能性を理解していきます。さらに、利用にあたっての注意点や効果的な使い方のコツも解説します。

Chapter 1 ChatGPT

01 ChatGPTとは

発表されるやいなや注目を集めたAIチャットツール、それがChatGPTです。単なる会話ツールで終わらない、その圧倒的な言語理解能力が世界中で話題を呼びました。この節では、ChatGPTの基本的な特徴とその利用方法を紹介します。

● ChatGPTの始め方

ChatGPTは、アメリカのOpenAI社が2022年の11月末にリリースしたAIチャットツールです。まるで人間のような会話ができ、知識も豊富で、翻訳や要約などさまざまな仕事が可能なことから、現在も続く画像生成AIブームをも超えるChatGPTブームを巻き起こしました。

ChatGPTを始めるには、以下のURLをブラウザで開きます。

https://chatgpt.com/

■ ChatGPTの画面

画面の一番下のチャット窓にテキストを入力し、右の送信ボタン⬆か Enter キーを押すと、ChatGPTとの会話が始まります。

このまま利用を続けることもできますが、画面左下の"Sign Up"からOpenAIのアカウントを作ることをおすすめします。アカウントを作成すると、より賢いAIの利用やチャット履歴の保存や、表示言語の切り替えなどが可能になります。アカウント登録には、メールアドレスやGoogle、Microsoftとのアカウント連携など、いくつかの方法が提供されていますが、本書では具体的な手順の説明は省略します。必要に応じて『ソフトウェア開発にChatGPTは使えるか？』(小野哲 著・技術評論社) のサポートサイトなどをご参照ください[1]。

● ChatGPTの利用例

ChatGPTとのおしゃべりの例をいくつか紹介しましょう。

質問やアドバイス

ChatGPTのもっとも代表的な使いみちは質問に答えてもらうことでしょう。ChatGPTは多くの知識を持っており、複雑な質問でも流暢に答えてくれます。

 ChatGPTって何ですか？

 ChatGPTは、OpenAIが開発した自然言語処理モデルの一つです。ChatGPTは、テキストベースの対話システムを作成するために設計されており、ユーザーとテキストベースで対話を行うことができます。このモデルは、大規模テキストコーパスを学習して、人間のような自然な対話を生成する能力を持っています。(以下略)

会話形式で続けて質問すると、文脈を考慮した回答をしてくれます。例えば上の答えをもっとわかりやすくしてもらいましょう。

---

[1] 『ソフトウェア開発にChatGPTは使えるか？』のサポートサイトの「ChatGPTのサインアップとPlusへのアップグレード方法」のページ
https://github.com/gamasenninn/gihyo-ChatGPT/blob/main/docs/about_chatgpt.md

> 👤 もっとやさしい言葉で説明してください。

> 🟢 もちろんです。ChatGPTは、コンピュータープログラムの一種で、テキストメッセージを使って人とコンピューターとの会話を模倣することができます。言葉で質問をしたり、情報をもらったり、おしゃべりしたりできます。
> これを使うと、カスタマーサポートや質問応答、おしゃべりの相手として利用できます。例えば、スマートフォンの音声アシスタントやウェブサイトのチャットボットなどで活用されています。
> ChatGPTは、大量の文章を学習して、人間のように自然な言葉で答えることが得意です。そして、プログラムを書かずに、テキストメッセージでコンピューターに話しかけることができます。

知識だけでなく、困りごとにアドバイスももらえます。

> 👤 健康的な食事のアドバイスをもらえますか？

> 🟢 もちろん、健康的な食事のアドバイスをお伝えしましょう。健康的な食事はバランスが取れた食事です。主要なポイントは、多くの野菜と果物を摂ること、適切なタンパク質源を選ぶこと、穀物を取り入れること、そして適度な運動を行うことです。また、加工食品や高カロリーな食事は控えるようにしましょう。

これらの会話はChatGPT画面の左に履歴として表示され、過去のチャットを確認したり会話の続きを再開できます。

翻訳や要約

ChatGPTは翻訳や要約もできます。例として、英語版Wikipediaの人工知能の記事[2]をコピー＆ペーストして、その翻訳と要約をしてもらいましょう。

> 👤 以下の記事を日本語で3行の箇条書きに要約してください。
> ---
> Artificial intelligence (AI) is the intelligence of machines or software, as opposed to the intelligence of humans or animals.（以下略）

---

[2] https://en.wikipedia.org/wiki/Artificial_intelligence

> － 人間や動物の知能とは異なり、AIは機械やソフトウェアの知能を指し、コンピュータサイエンスの分野で研究されており、AIは機械自体を指すこともある。
> － AI技術は広範囲にわたり、高度なウェブ検索エンジン、推薦システム、音声認識、自動運転車、創造的なツール、戦略的ゲームでの競技などで利用されている。
> － AIは1956年に学問として創立され、深層学習が他のAI技術を凌駕した2012年以降、資金と関心が急増した。また、AI研究はさまざまな目標とツールを中心に進行し、心理学、言語学、哲学、神経科学など多くの分野から影響を受けている。

他にも、文章の推敲や英文の添削なども可能です。

アイデア出し

アイデアを他人に話して言語化することを、ボールを壁に向かって打つ練習に例えて**壁打ち**と言ったりします。1人でできるボールの壁打ちと違って、アイデアの壁打ちは協力してくれる人が必要なので簡単には実行できません。その点、ChatGPTならいつでもいくらでも壁役をやってくれます。

> 若い人向けのスマホのゲームアプリの開発を計画しています。どのようなゲームを作れば売れるか、アイデアをいくつか出してください。

> もちろん、ゲームの成功は予測が難しいものですが、若いユーザー向けのスマホゲームを開発する際に考慮すべきいくつかの人気のあるアイデアをいくつか紹介します。ただし、市場のトレンドは常に変動しているため、競争力を持たせるためには独自性を追求することも重要です。
> 1．ソーシャル要素を含むRPGゲーム：
>   － プレイヤーが仲間を集めて協力し、バトルやクエストを共に進めるRPGゲーム。プレイヤー同士のコミュニケーションや競争が要素として取り入れられると、長期間のプレイを促進できます。
> 2．クイズゲーム：
> （以下略）

> いいですね！　1番のRPGゲームを作るとしたらどのようなストーリーがいいでしょう？

複数人でアイデアを出し合うことを**ブレインストーミング**（ブレスト）と言います。ChatGPTに複数の人の性格設定（ペルソナ）のもとに発言をしてもらうことで擬似的なブレインストーミングも可能です。

> 技術者、マーケ担当、経営者と私の4人でブレストをします。私以外の3人はあなたが担当してください。まずは議論が多様性をもって広がりやすいように、3人の性格設定を行ってください。私の次の発言から議論を開始します。

> もちろん、以下のように性格設定を行いましょう。
>
> 1．技術者（Taro）：細かい点にこだわるタイプで、リアルな制約や問題にすぐに気づく。しかし、時々ビジョンが狭くなりがち。
> 2．マーケ担当（Yumi）：楽観的で、新しいアイデアや市場への適応に興味を持つ。しかし、技術的な詳細にはあまり精通していない。
> 3．経営者（Ken）：結果重視で、ROI（投資対効果）やスケールの観点から考える。しかし、長期的なビジョンと短期的な利益のバランスを取るのが難しい。
>
> 以上のような性格設定で議論を進めていくと、多様な視点が出ると思います。それでは、議論を始めてください。

プログラミング

プログラミング言語も言語の1つですね。というわけで、ChatGPTはプログラミングもできます。

次ページは、ChatGPTに書いてもらったJavaScriptのコード例です。ChatGPTは他にもPythonやJava、C++など幅広いプログラミング言語に対応しています。ChatGPTに「どんなプログラミング言語が書けますか？ それぞれの言語でHello World[3]を書いてください」と聞いてみるのもおもしろいですよ。またプログラミングだけではなく、Apache（Webサーバ）やMySQL（データベース）、Linux OSなど、さまざまなソフトウェアの設定ファイルの知識もあるので、希望する設定の書き方を教えてもらうこともできます。

ただし、生成されたプログラムは間違っている可能性があります。実行時にエラーが発生した場合、エラーメッセージをChatGPTに伝えると、プログラムの修正案を出力してくれます。『ソフトウェア開発にChatGPTは使えるか？』（小野哲 著・技術評論社）など、ChatGPTを使ったプログラミングをテーマとした書籍も数多く出版されています。

---

[3] Hello Worldは、ただ"Hello World!"と表示するだけのプログラムです。プログラミング学習で最初に書くプログラムの定番です。

■ ChatGPTによるプログラミング

　ここまでに紹介したのはChatGPTの使いみちの一部に過ぎません。これら以外にも返信メールの文面を書いてもらったり、データを表にまとめてもらったりと、ChatGPTはさまざまな用途が考えられます。ChatGPTの活用をテーマとした書籍や記事をいろいろ読んでみると参考になるでしょう。

まとめ

▶ ChatGPTは質問やアイデア出し、プログラミングなどさまざまな用途に使えるAIチャットツール。

Chapter 1　ChatGPT

02 ChatGPTの便利な機能

ChatGPTのコメントには、編集や再生成などの操作を行うボタンが付いています。これらをうまく使うことで、より適切な回答を得たり、内容の信頼性を確認することもできます。

● チャットコメントの編集と操作

　ユーザのチャットコメントにマウスを載せると横に現れるボタン🖉をクリックすると、コメント内容を修正できます。「送信する」ボタンを押すと、新しいコメントに対してChatGPTが回答します。編集したコメントの左下には「< 2/2 >」のように表示され、「<」や「>」をクリックするとコメントの履歴と対応するChatGPTの返事を確認できます。

　ChatGPTとの会話は望まない方向に進むこともありますが、訂正コメントで会話を続けるよりも、過去発言に遡って編集してやり直すほうが、会話の流れを制御しやすいです。過去コメントを文脈として参照するChatGPTの特性上、誤回答がログに残っているとさらなる誤回答を誘発してしまう可能性があります。

生成文の再生成とフィードバック

　ChatGPTの回答の以下のボタンから、再生成などの操作ができます。

ボタン	内容
🔊	回答を音声で読み上げます。
🗐	回答をクリップボードにコピーします。
🔄	回答を再生成します。
👍👎	回答にフィードバックします。
✨や⚡など	モデルを変更して回答を再生成します（p.029参照）。

再生成ボタン🔄を押すと、ChatGPTの回答が再生成されます。再生成したコメントは左下の「< 2/2 >」から他のバージョンの回答に切り替えられます。

再生成ボタンは、より良い文章を生成してもらうために使ってももちろんいいですが、回答に間違いがないかどうか（ハルシネーション、p.272参照）を確認するために用いることもできます。ChatGPTが根拠なく作文している場合は、再生成すると回答内容が180度変わったりするので、間違っていることがはっきりわかる場合も少なくないです。

フィードバックボタン👍👎を押すと、AIの学習に使われて回答が改善する可能性があります。ただそうすると入力データを不特定多数に見られる可能性も生じるので、押すのは再利用されてもいい場合だけにしましょう。

● チャット履歴と共有

ChatGPTの画面左側には過去のチャットの履歴が表示されます。ChatGPTが要約したタイトルをクリックして内容の確認や削除、タイトル名の変更などができます。過去のチャットの続きを行うこともできます。

チャットの共有

履歴の右クリックメニューや画面右上にある共有ボタン⬆を押すと、チャット内容を他の人と共有できるURLが作成されます。この共有用URLはOpenAIのアカウントを持っていない人もアクセスできます。共有リンクのチャットの内容はそれを作成したタイミングで固定されます。元のチャットの続きの会話や編集をしても、作成済みの共有リンクには反映されません。

まとめ

▶ **コメントの編集機能は会話の軌道修正、再生成はハルシネーションの確認に有用。**

Chapter 1 ChatGPT

03 プロンプトエンジニアリング

プロンプトエンジニアリングは、ChatGPTなどの生成AIへの指示を適切に行うための技術です。本節ではプロンプトとコンテキストを紹介し、適したプロンプトを書く方法について基本的な考え方を解説します。

○ プロンプトとコンテキスト

プロンプトとは、生成AI（ChatGPTだけでなく画像生成AIも含む）に対する指示や質問のことです。「翻訳して」「要約して」と指示するのがプロンプトの例です。「富士山の高さは？」のような質問も、それに答えてほしいという暗黙の指示を含んだプロンプトと考えられます。

もともとプロンプトとは、コンピュータが入力を受け付ける状態になったことを人間に示すための "C:¥>" や "$" などの文字列を指していました。そこから転じて、AI技術においては人間がモデルの出力を促すための文字列を指すようになり、現在は生成AIへの指示を含む入力文全般がプロンプトと呼ばれています。

■ Microsoft Windows のコマンドプロンプト

```
Microsoft Windows [Version 10.0.22000.2538]
(c) Microsoft Corporation. All rights reserved.
C:¥>
```

例えばChatGPTに次のような文章を入力する場合を考えてみましょう。

 次の文を英語に訳してください

光陰矢のごとし

1行目の「次の文を英語に訳してください」がChatGPTへの指示になります。2行目の "---" は指示とその対象となる文を区別するための区切りです。このような区切りをうまく使うと、テキスト生成AIは人間の指示に従ってくれる可能性が上がると言われています。

3行目の「光陰矢のごとし」は指示の一部と考えることもできますが、その指示に従って参照する情報でもあります。テキスト生成AIが回答を生成する際に参照する背景情報や文脈のことを**コンテキスト**と言います。ただ、プロンプトやコンテキストの境界は曖昧で、区別は厳密ではありません。人間が解釈するために区別していると考えていいでしょう。

プロンプトエンジニアリング

プロンプトエンジニアリングとは、テキスト生成AIのプロンプトを最適化する技術です。言うなればChatGPTを使うコツですね。

例えば先の例でも使われていた「区切りに "---" を使う」などもプロンプトエンジニアリングの一種です。「知って得するプロンプトの構文」とか「◯◯個のパターンを覚えるだけであなたもプロンプトマスター」みたいな記事を見かけたことがある人も多いでしょう。OpenAIやHugging Faceなどもプロンプトの書き方のベストプラクティス集を公開しています[1][2]。

テキスト生成AIをうまく動かすプロンプトは理論的に決まるものではありません。テストデータを使って評価したプロンプトエンジニアリングの研究もありますが、基本的には試行錯誤の中でうまくいったものをパターン化して、ベストプラクティスとしてまとめたものになります。解きたい問題や利用するテキスト生成AIにもよるので、複数のプロンプトエンジニアリング手法を試し比較すると良いでしょう。

理論的な最適解はないものの、実はテキスト生成AIには「人間が書きそうなテキストを生成する」という特性があり、そこからプロンプトの改良に基本方針を立てることはできます。ここではそうした基本方針の範囲から、代表的な

---

[1] Prompt engineering - OpenAI API　https://platform.openai.com/docs/guides/prompt-engineering
[2] LLM prompting guide　https://huggingface.co/docs/transformers/main/tasks/prompting

プロンプトエンジニアリング手法をいくつか紹介しましょう。

明示的な指示

ChatGPTに文章を添削してもらうとき、「以下の文章を添削して」だけでもある程度うまく添削してくれますが、具体的にどのような添削をしてほしいかを書いたほうが望ましい結果が出やすいです。筆者はChatGPTを添削や要約に使うとき、以下のような指示を追加します。

■ プロンプトの追加指示の例の一部

添削	要約
・ですます調に統一してください。 ・書き換え前と書き換え後を併記してください。 ・短く易しい表現が好ましいです。 ・事実に反する記述があれば指摘してください。	・セクションごとにまとめてください。 ・300文字程度で記述してください。 ・評価は不要です。 ・箇条書きにしてください。

人間と同じく、テキスト生成AIも知らないことには答えられませんし、曖昧な指示には曖昧な回答が返ってきます。新入社員や新入生に仕事の方法を教えるように、当たり前と思うようなこともできるだけ明示的に指示をするといいでしょう。

といっても、最初から完璧なプロンプトである必要はありません。生成結果が期待通りでないと感じたら、具体的な指示を追加して自分のプロンプトを改良していくといいでしょう。少しずつ指示を増やしながら何度も添削や要約をやり直させられたら人間なら怒るでしょうが、AIなら文句を言わずにやってくれます[3]。

例示

指示を出すとき、望ましい出力の具体例をプロンプトに追加するのはとても効果的です。

例えば音声認識AI（OpenAI Whisperなど）を使って音声をテキストに書き起こすと認識間違いや表記揺れが多いため、これをChatGPTに清書させること

---

[3] ただしRate Limit（一定時間内の呼び出し回数制限）に引っかかる可能性はあります。

を考えます。そのとき、書き起こし文で「オープンAI」となっているが、正しい社名の「OpenAI」に統一してほしい、などといった要望も多いでしょう。このような表記揺れ1つずつを「オープンAIをOpenAIに統一してください」と指示するより、望ましい表記やスタイルを含む文章をプロンプトに追加して、「以下は例文です。例文と同じスタイルで清書してください」などと指示するだけで、おおむね期待通りに動いてくれます。

学習データと同じ形式に

学習データの形式や傾向がわかっている場合は、プロンプトや例文をその形式に近づけることで精度の向上が期待できます。具体的には、ChatGPTも含め多くのテキスト生成AIは**マークダウン**で記述されたデータで学習しているので、プロンプトでもマークダウン表記が有効です。

マークダウンとは、プレーンテキスト(色や大きさなどの装飾のないただの文字列)で構造を持つ文書を楽に書くための記法です。マークダウン記法の例の一部を以下の表に挙げておきます。

種類	マークダウン記法の例
見出し	# 見出し1 ## 見出し2
箇条書き	- アイテム1 - アイテム2
引用	> 引用された文
水平線(区切り線)	---
強調	** 強調したいフレーズ **

こうしたルールを守って記述することで、ChatGPTやテキスト生成AIに文書の意図や構造を伝え、より正確で望ましい出力を行えます。

考える道筋を指定

人間が文章題や問題を解くとき、最初に解く手順をおおまかに考え、その手順に沿って1ステップずつ考察を進めるというやり方をしますよね。テキスト

生成AIも手順を示すと正しい結論にたどり着きやすくなります。

　テキスト生成AIに対して先に手順を考えてもらう方法として、ここまでに紹介した「明示的に指示する」や「例示する」などの方法で考え方の道順をテキスト生成AIに意識させる手法全般は **Chain-of-Thought**（思考の連鎖、以降CoT）と呼ばれています[4]。

　プロンプトに「ステップ・バイ・ステップで進めて」や「段階的に考察して」などと書くだけでも、簡単に明示的なCoTを導入できます。多くのAIチャットのプロンプトには元からステップ・バイ・ステップの指示がおそらく含まれており、何も書かなくても段階を踏んだ思考を行ってくれます。

　中間ステップの具体的な指示も効果的です。例えば「改善案を出してください」とただ一言書くより、「肯定的な批評と否定的な批評を行い、それらを踏まえて改善案を出してください」とすることで、提案の具体性がより上がることが期待できます。

プロンプトをAIに提案させる

　AIで楽するために、プロンプトのコツを勉強するのは本末転倒です。プロンプトもテキストですから、それこそAIにやってもらいましょう。

「生成AI自身に著作権を認めるべきか」というテーマに関して、十分な多様性と多くの気づきを得られるような考察をテキスト生成AIに行わせるプロンプトを考えてください。

プロンプト：「生成AI自身に著作権を認めるべきか」に関する多角的な観点からの考察をしてください。以下の点について、倫理、法的側面、技術的可能性、社会的影響などを含めて議論してください。

1. 倫理的観点：
   - AIが自己意識を持つ可能性はあるか？自己意識の有無が著作権の認知にどのように影響するか？
   - AIが著作権を持つことで、人間と同等の権利と責任が生じるか？
   - AIの作品が利益を生み出す場合、その利益の配分はどうなるべきか？

---

[4] 例示によるCoTはFew-Shot CoT、明示的な指示によるCoTはZero-Shot CoTと呼びます。Kojima, Takeshi, et al. "Large Language Models are Zero-Shot Reasoners." Advances in neural information processing systems 35 (2022): 22199-22213.

2．法的側面：
- 現行の著作権法において、AIが著作者として認知される可能性はあるか？
- 著作権の保護範囲や期間について、AIに適用する際の課題は何か？
- AIが著作権を行使する際の法的手続きや責任についてどう考えるべきか？

（後略）

　実は、テキスト生成AIにプロンプトを生成させるのはポピュラーな技術です。ChatGPTで画像生成するとき、画像のためのプロンプトを内部で生成してから画像生成AIのDALL·E3に投げられています[5]。また、GPTs（p.034参照）にもプロンプト生成用のカスタムAIが数多く登録されています。

AIにお礼を言うと精度が上がる？

　ChatGPTをうまく使うコツ的な記事の中には「AIにお礼を言ったり、褒めたりすれば、より良い回答が得られる」とか「ゆっくり考えてください、というと良くなる」などの手法も書かれています。眉唾に聞こえるでしょうが、テキスト生成AIが人間の行動の結果のテキストを学習し再現するものであることを思い出すと、一定の説得力はあるかもしれません。「褒められると良い仕事をする」「良い仕事にはお礼を言う」というテキストを学習していますからね。

まとめ

- プロンプトとは生成AIへの指示や質問のこと。コンテキストは回答生成時に参照される背景情報。
- 大規模言語モデルへの指示は、新入社員に対する説明のように、暗黙の知識を要求しないように明示的に書く。
- Chain-of-Thoughtのように、思考ステップの指示も効果的。

---

[5] ChatGPTが生成した画像プロンプトは、画像を開いたときの右上のインフォメーションアイコンをクリックすると表示されます。

04 ChatGPTのエンジン（大規模言語モデル）

ChatGPTのエンジンである大規模言語モデルには、GPT-4とGPT-3.5があります。これらの特徴と、GPT-4を基盤とした拡張機能について解説します。

◯ GPT-4とGPT-3.5

　ChatGPTは複数の大規模言語モデル（テキスト生成エンジン）を選べます。高精度で高機能だが回数制限のある上位モデルと、高速で回数制限のない下位モデルの2種類が基本となります。
　2024年7月現在のモデルは以下のとおりです。

■ ChatGPTのモデルラインナップ（2024年7月現在）

大規模言語モデル	ChatGPT Plus	無料版	未ログイン	拡張機能
GPT-4o	◯	△		利用可
GPT-4o mini	◯	◯		
GPT-4	◯			利用可
GPT-3.5			◯	

　GPT-4シリーズはOpenAIの最上位のChatGPTのテキスト生成エンジン（大規模言語モデル）です。特に**GPT-4o**[1]はGPT-4シリーズの中で最も精度と速度が良く、後述の各種拡張機能も利用できます。また、今後音声や動画の直接入出力も対応予定です[2]。GPT-4oの"o"はラテン語由来の"Omni"（すべて）の意味で、テキストだけでなく画像や音声にも対応していることを表しています。

---

[1]　Hello GPT-4o | OpenAI　https://openai.com/index/hello-gpt-4o/
[2]　OpenAI、ChatGPTの「高度な音声モード」をロールアウト中　秋には全Plusユーザーに - ITmedia NEWS　https://www.itmedia.co.jp/news/articles/2407/31/news086.html

上位モデルのGPT-4oは基本的には有料プランのChatGPT Plus（月20ドル）向けですが、2024年5月からは無料版ユーザも回数限定（時間で回復）で使えるようになりました。とはいえ、5〜10回程度で制限に達するので、GPT-4oをある程度以上使いたいならChatGPT Plusが必要です。

下位モデルの**GPT-4o mini**はGPT-4oの軽量版で、無料ユーザーがGPT-4oの利用回数制限に達した後はGPT-4o miniを使うことになります。また、**GPT-3.5**はChatGPTリリース時から使われていたモデルでした。2024年7月現在は、未ログインの状態でのみGPT-3.5を利用できます。

GPT-4シリーズはGPT-3.5よりも自然で精度の高い文章を生成できます。本書冒頭に紹介した、ChatGPTがアメリカの司法試験で合格点を獲得したというのもGPT-4の話です。

ChatGPT Plusでは、チャットを開始する前にGPT-4o、GPT-4o mini、GPT-4のどのモデルを用いるかを選択できます。

■ ChatGPT Plus のモデル選択

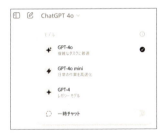

無料版ChatGPTでのモデル選択は、コメントが生成された後に✧や⚡を押して行います。選択したモデルでコメントが再生成されます。

■ ChatGPT のモデル選択

◯ Web検索連携機能

　GPT-4oは必要に応じて、検索エンジンを通じて外部のWebページを参照して回答します。一方のGPT-4o miniは、学習データ収集の時期より後の情報に関する質問には「知らない」と回答したり、誤った回答を返します。

> 👤 今日の日本のトップニュースは？

> 🤖 【GPT-4oの回答例】3 件のサイト を検索しました
> 今日の日本のトップニュースは以下の通りです。
> 1．新潟産大付が初優勝、初の甲子園出場決定
> 第106回全国高校野球選手権新潟大会の決勝戦で、新潟産業大学附属高校が帝京長岡高校を4対2で破り、初の甲子園出場を決めました（Infoseek）。(後略)

> 🤖 【GPT-4o miniの回答例】申し訳ありませんが、リアルタイムの情報を提供することはできません。最新のニュースについては、信頼できるニュースサイトやアプリをご確認ください。

　Webページを参照した回答では、「〜件のサイトを検索しました」と表示され、これをクリックすると参照したページを確認できます。こうしたページを確認することで、ハルシネーション（p.272参照）による誤りがないか確かめることができます。

■ Webページを参照した回答

> 2023年のヒット映画
>
> 🤖 5 件のサイト を検索しました
>
> 2023年のヒット映画には以下のような作品があります。
> 1. バービー (Barbie) - グレタ・ガーウィグ監督のこの映画は、世界中で10億ドル以上の興行収入を記録し、数多くの記録を打ち立てました。特に、[2023 in film - Wikipedia] ングが主演したことが話題となり、コメディ映画としても歴史的な成功を収めました (Wikipedia)。

● マルチモーダル機能（画像を用いたチャット）

　GPT-4oでは、テキストだけでなく画像を用いたチャットも可能です。ChatGPTの入力欄に画像をドラッグ＆ドロップしてメッセージを送信すると、その画像を解釈した回答が得られます。

■ 写真画像について尋ねるチャット

You

旅行で撮ったこの建物は何という名前の有名な場所？

ChatGPT
この写真に映っている建物は、イタリアのフィレンツェにある「オスピダーレ・デッリ・イノチェンティ（Ospedale degli Innocenti）」です。これはルネサンス時代の初期に建てられた、世界で初めて孤児院として建設された建築物の一つです。フィリッポ・ブルネレスキによって設計されました。特徴的なのは、連なる円形のアーチと、メダリオンに囲まれた赤ちゃんを抱いた女性のレリーフです。現在は博物館としても機能しており、その建築美と共に歴史的な背景も学ぶことができる重要な文化的スポットです。

　以前は、AIがテキストや画像など複数のデータ形式を同時に扱うことは困難でしたが、最新のAIチャットサービスではこのように画像も解釈できるようになりました。テキストだけでなく画像、音声、ビデオといった複数のデータ形式を扱える能力を**マルチモーダル**と呼びます。
　またChatGPT Plusでは、画像生成AIとして有名なDALL·Eシリーズの最新バージョンDALL·E3をチャットの中から呼び出すことで、画像生成もできます。

■ ChatGPTによる画像生成

◯ Code Interpreter（プログラムの自動実行）

ChatGPTはプログラムのコードも生成できます。生成されたコードは、通常は自分の環境にコピー＆ペーストして実行することになりますが、**Code Interpreter**（あるいはAdvanced Data Analysis）機能では、生成されたPythonコードをChatGPTの中で自動的に実行し、結果を表示してくれます[3]。

Code Interpreterによるコードの実行は独立した環境（サンドボックス）で行われるので、外部のサイトにアクセスしたり、その環境に存在しないPythonパッケージを使うことはできません[4]。また実行時間が長いと強制終了されるので、実行可能なコードはある程度簡単なものに限られます。しかしその範囲でも、例えばCSVファイルをアップロードして対話的に分析や可視化を行ったり、QRコードを描かせるなど、おもしろいことがいろいろできます。

---

[3]　現在はPythonのみのサポートですが、他のプログラミング言語にも対応する可能性があります。
[4]　パッケージのアーカイブファイルをアップロードしてpip installすると使える場合もあります。

もちろんChatGPTの生成したコードがエラーになることもよくあります。Code Interpreterはエラーメッセージを自動的にチャットに取り込み、エラーの原因を推定し、修正して実行を繰り返してくれます。例えば、マンデルブロ集合というフラクタル図形の一種を描くプログラムを書いて実行するように指示すると、次の図のように生成→実行→エラー→修正を2回繰り返して、自動的に正しく動くコードまでたどり着きました。

■ エラーがなくなるまでプログラムを繰り返し実行

まとめ

- 主なChatGPTの大規模モデル（テキスト生成エンジン）は、高精度で高機能な上位モデルと、高速な下位モデルからなる。
- 上位モデルのGPT-4oは高精度かつ、Web検索連携や画像生成、生成プログラムの自動実行などの拡張機能も利用可能。

Chapter 1　ChatGPT

05 GPTs（AIのカスタマイズ機能）

ChatGPT PlusではAIをカスタマイズし、共有するGPTsという機能があります。複雑なプロンプトを組み込んだAIをワンクリックで使えて便利ですし、データベースの参照や外部サービスとの連携などで高度なカスタムAIも構築できます。

● GPTs

　ChatGPTへの質問や指示を適切に行い、希望する形式の回答や望むスタイルの画像を得るには、プロンプトエンジニアリング（p.023参照）などのノウハウが重要です。そうしたノウハウを反映したプロンプトや知識データベースを登録し、用途別のAIをカスタマイズ・共有する仕組みが**GPTs**です[1]。

■ ChatGPT GPTs の画面

　ChatGPTのサイドバーから「GPTを探す」を選ぶとGPTsの画面に遷移し、他のユーザがカスタマイズした各種AIを利用できます。OpenAIはこの画面を「GPTストア」と呼んでいますが、課金の仕組みはまだありません[2]。まずは手

---

[1]　Introducing GPTs　https://openai.com/blog/introducing-gpts
[2]　Introducing the GPT Store　https://openai.com/blog/introducing-the-gpt-store

軽に画像生成用のカスタムAIなどを試してみるといいでしょう。論文検索やプログラミングに特化したカスタムAIなどもあります。よく使うカスタムAIはサイドバーに登録できます。

便利なGPTsですが、カスタムプロンプトによって悪意のある出力が行われたり、アクション（外部連携機能）で入力内容を外部のサーバに送信される可能性がある点については注意してください（p.043参照）。

GPTビルダー

ChatGPT Plusユーザは、GPTsのGPTビルダーで対話的にカスタムAIを作成できます。GPTsの画面右上にある「作成する」をクリックすると、GPTビルダーの画面に移動します。

GPTビルダーの構成タブでは、各項目を個別にカスタマイズもできます。主なカスタム項目は指示（プロンプト）、知識（知識データベース）、アクション（外部機能呼び出し）があります。

例えば書籍や製品情報などが入ったファイルを知識に登録してサポートAIチャットを作成したり、アクションに天気予報APIを登録し、お気に入りのキャラクターの口調で天気予報を行うAIボットなどを開発できます。

そうした凝ったカスタムAIの開発だけでなく、気軽に利用する範囲でもGPTsは便利です。普段利用するプロンプトをGPTsに登録しておけば、文章の添削やプログラミングをサポートする自分用のカスタムAIを簡単に作成できます。

まとめ

- GPTsはノーコードでカスタムAIを作成する機能で、よく使うプロンプトを置いておくだけでも便利。
- 他のユーザが作成した画像生成の補助や論文検索など便利なカスタムAIも利用できる。

Chapter 1　ChatGPT

06　ChatGPT以外のAIチャットサービス

ChatGPT以外にも大規模言語モデルを用いたAIチャットサービスがいくつかあります。その中で代表的とも言えるGoogle Gemini、Microsoft Copilot、Anthropic Claudeを簡単に紹介します。

○ Google Gemini

Google Gemini（ジェミニ、またはジェミナイ）は2023年3月から始まったGoogleのAIチャットです（開始時の名前はGoogle Bard）。利用にはGoogleアカウントが必要です。

https://gemini.google.com/

■ Google Gemini のスクリーンショット

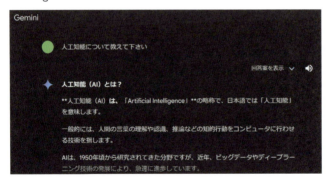

Google Geminiの特長は、なんといってもその速度でしょう。他のAIチャットサービスは文章を生成していくのが見える速度ですが、Google Geminiは瞬時に全文が出力されるという他を圧倒する速度です。

Googleの各種サービスとの連携機能も充実しています。Google Mapsによるお店や経路の検索、YouTubeの動画検索、Google Hotelによるホテルや飛行機の検索などをGeminiの中からシームレスに呼び出せます。さらにGmailや

Google Driveとの連携も可能です[1]。入力欄に "@" を打つと連携可能なサービスの一覧が出るので、明示的に連携サービスを指定することも可能です。

■ Google Gemini の拡張機能

Microsoft Copilot

　MicrosoftはOpenAIと提携し、GPTシリーズの独占ライセンスを得ています[2]。それによりGPT-4を中核としてMicrosoftが展開しているAIサービスのブランド名が**Copilot**（コパイロット、副操縦士の意味）です。

https://copilot.microsoft.com/

　Copilotは、Microsoftの他の製品と結びついたAIサービスにも展開しています。例えばソフトウェア開発プラットフォームのGitHubと連携したGitHub Copilot[3]では、プログラミングをAIがサポートします。またCopilot for

---

[1] GmailやGoogle Workspaceの設定を変更する必要があります。

[2] https://news.microsoft.com/ja-jp/2020/10/15/201015-microsoft-teams-up-with-openai-to-exclusively-license-gpt-3-language-model/

[3] https://docs.github.com/ja/copilot/using-github-copilot/getting-started-with-github-copilot

Microsoft 365では、Microsoft WordやMicrosoft PowerPointなどのオフィススイートと連携し、資料の作成などをAIが支援します。さらにMicrosoft OneDriveのファイルをAIで分析もできます[4]。

■ Microsoft Copilotのスクリーンショット

● Anthropic Claude

Anthropic（アンソロピック）は元OpenAIの技術者によって設立されたAIスタートアップです。そのAnthropicが開発した大規模言語モデル**Claude**（クロード）を使ったAIチャットサービスも同名のClaudeで提供されています。

https://claude.ai/

Anthropicは日本では馴染みがないでしょうが、早くからGPT-4と並ぶ高精度な大規模言語モデルを実現してきました。また、20万トークン長を超える文書を取り扱えるのも大きな特長です。これは350ページのテキストに相当し、書籍や業務履歴のドキュメントなどをまるまる読み込んで処理できることを意味しています[5]。

---

[4] 生成型の回答に SharePoint または OneDrive コンテンツを使用する - Microsoft Copilot Studio | Microsoft Learn　https://learn.microsoft.com/ja-jp/microsoft-copilot-studio/nlu-generative-answers-sharepoint-onedrive

[5] 最大のプロンプトの長さは何ですか？| Anthropicヘルプセンター
https://support.anthropic.com/ja/articles/7996856-最大のプロンプトの長さは何ですか

■ Anthropic Claude のスクリーンショット

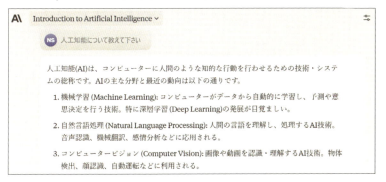

■ 主な AI チャットサービス一覧（2024 年 3 月現在）

	サービス名	有料サービス	大規模言語モデル
OpenAI	ChatGPT	ChatGPT Plus	GPT-4o/GPT-4o mini
Google	Gemini	Gemini Advance	Gemini Pro/Ultra
Microsoft	Copilot	Copilot for Microsoft 365	GPT-4o
Anthropic	Claude	Claude Pro	Claude 3.5 Sonnet/Claude 3 Opus

　ここに挙げたもの以外に、Baidu（百度）の文心一言[6]、Perplexity 社の Perplexity[7] などもあります。AIサービスは今後も増えていくでしょう。

まとめ

- AI チャットサービスは、ChatGPT 以外にも Gemini、Copilot、Claude などがあり、それぞれ特長を持つ。

---

[6] https://yiyan.baidu.com/
[7] https://www.perplexity.ai/

Chapter 1　ChatGPT

07　AIチャットの利用における注意点

ChatGPTやGeminiなどのAIチャットはとても便利ですが、利用に当たっては気をつけるべき点がいくつかあります。

● ランダム性がある

　ChatGPTにはランダム性があり、同じ入力でも毎回異なる回答になります。再生成のボタンを何度か押してみると異なる回答になることが簡単に確認できます。文章のニュアンスや細部は異なるものの、内容は似ている回答が再生成されることも多いですが、ときには全く異なる、互いに矛盾した内容になることもあります。このランダム性は、ChatGPTの応答を予測不可能にし、毎回新鮮な視点を提供する可能性がある一方で、重要な情報を求める際には確認が必要です。

■ 再生成で異なる回答が返ってくる例

2001年1月の時点の日本の総理大臣は誰ですか？

2001年1月の時点での日本の総理大臣は、森喜朗（もりよしろう）でした。

< 5/6 >

2001年1月の時点の日本の総理大臣は誰ですか？

もちろん、2001年1月の時点での日本の総理大臣は小泉純一郎（Koizumi Junichiro）でした。彼は2001年4月26日に総理大臣に就任し、2006年9月に辞任するまでその職にありました。

< 6/6 >

● 間違いを含む可能性がある

　2001年1月の日本の首相を問う前のページの例では、1番目の回答は正しく「森喜朗氏」と回答していますが、2番目は「小泉純一郎氏」と間違っています。このようにChatGPTの回答には間違いが含まれる可能性があります。

　明らかに間違ってそうな嘘っぽい文章なら気づきやすかったでしょうが、自信満々で流暢な文章なのに間違っているというパターンなため、普通に読むだけでは間違いに気づけないことも珍しくありません。そのため、ChatGPTの回答を資料などに使う場合は、文章内のキーワードをWeb検索などして情報源を見つけて、内容の正しさを確認することが欠かせません。AIがそうした間違いをどのようにして起こすのかについては、p.272のハルシネーションの節で解説します。

　ChatGPTは学習データを収集したタイミングまでの知識しか持っていないことにも注意が必要です。ChatGPTに新しい知識が必要な質問をすると、以下の例のように最新の情報を持っていないことを断ってくることがあります。

 今日の日本のトップニュースは？

 申し訳ありませんが、リアルタイムの情報を提供することはできません。最新のニュースについては、信頼できるニュースサイトやアプリをご確認ください。

　なお、GPT-4oを使う場合は、必要に応じて適切なキーワードでWeb検索を行い、その結果を文脈に取り込んで回答を生成する機能があります（p.030参照）。この場合は、参照した情報へのリンクを確認すると内容の確かさを判断できることがあります。

禁止行為

ChatGPTは利用規約によって禁止されている行為がいくつかあります[1]。

- **違法行為**
  詐欺、不正アクセス、マルウェア生成、プライバシー侵害、著作権侵害など
- **ヘイトスピーチ、ハラスメント、暴力的内容の生成**
  嫌がらせ、脅迫、暴力礼賛、自傷行為の推進、デマなど
- **その他不適切な内容の生成**
  アダルトコンテンツ、医療行為やリスクの高い経済活動、政治活動など

明らかにこれらの行為につながるような文章を入力すると、フィルタリングされて定型的な回答が返ってくることがあります（p.270参照）。そうした禁止行為を続けていると、最悪の場合アカウントを停止される可能性があります。

意図的な不正や犯罪行為は言わずもがなでしょうが、ChatGPTの生成するテキストや画像が他者の著作物に図らずも似てしまう可能性はあります。ChatGPTの出力を利用する場合はその点も注意しましょう。

入力データの扱い

入力データの扱いについても注意が必要です。ChatGPTがデータを扱う方針については、Data Controls FAQというヘルプページに書かれています[2]。

- **ChatGPTでの会話は、デフォルトでAIモデルの学習に使われる可能性がある**
- **会話データをモデル学習に利用させたくない場合は、一時チャット（p.029のスクリーンショットを参照）を使うか、ChatGPT設定のデータコントロールにて、「すべての人のためにモデルを改善する」をオフにする**

---

[1] OpenAIの利用規約（Usage policies） https://openai.com/policies/usage-policies
[2] Data Controls FAQ | OpenAI Help Center
https://help.openai.com/en/articles/7730893-data-controls-faq

- 一時チャットやモデル学習オフの場合も、会話データは不正監視のために30日間保存される

　不正監視の方法は公表されていませんが、おそらくAIによる機械的なチェックを経て、必要に応じてOpenAI社の人間による検閲が行われると考えられます。つまり、モデルの学習をオフにしても、ChatGPTに入力した情報は他人の目に触れる可能性があります。そのため、見られたら困る個人情報や極秘情報は原則として入力しないようにしましょう。

■ ChatGPTのデータコントロール設定ダイアログ

設定		✕
⚙ 一般	すべての人のためにモデルを改善する	オン >
👤 パーソナライズ		
🔊 スピーチ	リンクを共有する	管理する
🗂 データ コントロール	データをエクスポートする	エクスポートする
📋 ビルダー プロファイル	アカウントを削除する	削除する
🔗 接続するアプリ		
🔒 セキュリティ		

● GPTsの利用における注意点

　GPTsのカスタムAIは便利ですが、カスタム可能だからこその注意点もあります。他のユーザが作ったカスタムAIを利用する場合、アクション機能で外部サービスとの通信が行われることがあります。その際、メッセージに含まれるプライバシーなどのセンシティブな情報が意図せず外部に送信される可能性があります。アクションによる通信が発生する際には以下のような確認が行われるので、わずかでも不安がある場合は「却下する」を選び、信頼できる開発元の場合のみ許可しましょう。メッセージの右にある「∨」記号から、実際に

送信される内容を確認できるので、個別で判断してもいいでしょう。

■ カスタムアクション実行の確認

　また知らずに利用したカスタムAIに悪意のあるプロンプトや知識が組み込まれていたりなどして、誤情報や有害な情報が生成されるリスクもあります。例えば、脆弱性のあるソフトウェアのインストールを勧めるアドバイスや、バックドアが含まれるコードの生成などのリスクを指摘する研究者がいます[3]。

　そうしたAIを通じた攻撃は常に警戒すべきことですが、ChatGPTのサイトの中で提供されるGPTsは無意識に信頼してしまう懸念は否めません。信頼できない開発元のカスタムAIは「野良AI」に対するのと同じく警戒心を持って扱いましょう。

まとめ

- 生成文に誤りが含まれる可能性や、ランダム性に注意。
- 入力データは検閲される可能性があるため、プライバシーやセンシティブな情報は入力しない。

---

[3] Antebi, Sagiv, et al. "GPT in Sheep's Clothing: The Risk of Customized GPTs." arXiv preprint arXiv:2401.09075 (2024).

2章

人工知能

今の生成AIブームが始まるより前から、人工知能（AI）は生活や世界に大きな影響を与えています。この章では、そのAIの基本的な定義と歴史、ルールベースや深層学習モデルといったさまざまなAIの種類を紹介し、今流行の生成AIと汎用人工知能がどのような位置づけにあるかを解説します。

Chapter 2　人工知能

08　AI（人工知能）

「AI（人工知能）」は家電やスマートフォン、自動車など多くのものに搭載されていますし、「AIの分析によると～」などの決まり文句もよく耳にします。しかし「そもそもAIとは何か?」という疑問はあまり意識されていないようです。

● 人工知能とは

　AI（**人工知能**、**Artificial Intelligence**）の言葉上の定義は、「人間の知能の働きの一部をコンピュータ上で再現する試み全般」です。シンプルでわかりやすい定義に思えますが、話はそれほど単純ではありません。ポイントは「知能の一部」というところです。知能のどの部分をどのように真似するかによって、さまざまな種類のAIが考えられます。

　AIの正体に迫るために、AIの具体例を見てみましょう。将棋を指すプログラムは、将棋のルールを理解する人間の知能の代わりとして働きますから、確かにAIと言えそうです。ChatGPTや最近の画像生成プログラムも、言葉を使って会話をしたり、美麗な絵を描いたりといった知能の仕事ができますから、AIと呼ぶにふさわしいでしょう。

　よりシンプルな例として、迷惑メールをゴミ箱に放り込むメールフィルタプログラムを考えてみます。人間がメールを読んで迷惑メールかどうか判断するときはもちろん知能を使いますから、それを行うメール自動分類機能もAIだと言えます。しかしそのプログラムの中身を見てみると、メールのタイトルに「無料」「当選」「お急ぎください」など、特定のキーワードが入っていたら迷惑メールとして処理するという単純なものだったとしましょう。そんな簡単なルールで動いている機械的なプログラムをAIとは呼びたくないですね。

　しかし、中身や方法が機械的だったらAIではないというのもおかしな話です。人工知能は知能を機械で再現するものですから、機械的に決まっています。実際、将棋AIやChatGPTもコンピュータの上で動く機械的なプログラムにほかなりません。

■ ルールベースの迷惑メールフィルタは AI ではない？

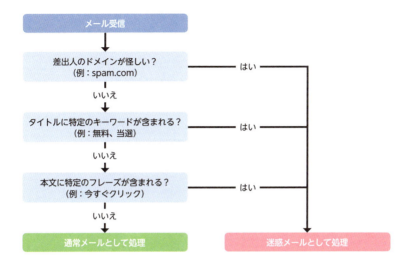

　つまりAIかどうかは実現方法とは関係なく、「人間の知能の働きの代わりを意図しているか」という点で判断されるということです。だから「『無料』メールはゴミ箱」という簡単なプログラムでも、開発者が「これはAIです」と言えばAIになります。AIとはそれくらい広い意味の言葉なのですね。

　そうは言っても、「簡単なルールで動いているAI」と「人間と見間違うほどのAI」はやっぱり区別したいですよね。その区別に使われる言葉が最近よく聞く「生成AI」と「汎用人工知能」になります。これらの言葉については後の節で説明しましょう。

まとめ

- AI（人工知能）とは、人間の知能の働きをコンピュータ上で模倣する技術全般。
- ある技術がAIかどうかは実現方法にはよらないため、AIが表す範囲はとても広い。

Chapter 2 人工知能

09 AIの歴史

AIの現在と未来を考える上で、その歴史を知ることが役立ちます。AIはどのように誕生し、どのような過程を経て現在のAIブームが起こったのかを見ていきましょう。

AI研究の歴史

AIの研究は、コンピュータの発明とほぼ同時期の1950年代に始まりました。以来、機械で人間の知能を再現する研究は何度かの停滞を経て、現在は第3次ブームと呼ばれる盛り上がりを見せています。まずはそうしたAIの歴史を年表で眺めてみましょう。

■ AIの年表

年代	名称	説明
1956年 - 1974年	第1次AIブーム	1956年のダートマス会議にて人工知能（AI）という言葉が生まれる。10年あればAIは実現するという見通しだった。
1974年 - 1980年	AI冬の時代	期待された成果が出ないことから、資金提供が減少。AIの限界が議論され、研究は停滞した。
1980年 - 1987年	第2次AIブーム	専門家の知識を組み込むエキスパート・システムによって再びAIブームとなる。
1987年 - 1993年	AI冬の時代（再）	エキスパート・システムの限界が明らかになり、再びAI研究への資金提供が減少。
1993年 - 2012年	機械学習的手法の発展	大量のデータを利用した統計的機械学習が注目され、計算能力の向上やインターネットの普及により、AI研究は再び進展した。
2012年 - 現在	第3次AIブーム	深層学習の発展によりこれまで解けなかった現実の問題が解けるようになり、AI技術が広範囲で実用化、日常生活に浸透していった。

この年表から読み取れる重要なポイントは、AI研究は常に脚光を浴び続けたわけではなく、**AI冬の時代**と称されるほどの停滞期が2度あったことです。これらの停滞期はいずれもAIへの過剰な期待への反動でした。

　第1次AIブームで重要な役割を果たした技術の1つは、最初期のニューラルネットワークの一例である**パーセプトロン**でした。しかし、パーセプトロンが解けるのは限定的で比較的単純な問題（線形分離可能な問題）だけであることが明らかになり、その失望からAI冬の時代が始まりました。

　その後、**エキスパートシステム**で再びAIは脚光を浴びます。エキスパートシステムは専門家の知識をルールとしてプログラムに組み込むことで特定の問題を解決するものであり、ルール外の問題には対応できませんでした。その応用範囲の狭さと柔軟性の欠如がまた失望につながり、再び停滞期を迎えます。

　タスクに特化したエキスパートシステムは現実的でしたが、汎用的な知能とは程遠いという批判もありました。そこで、特定の問題しか解けないAIを**弱いAI**、人間の知能や意識を機械で実現する理想的なAIを**強いAI**と呼んで区別するようになりました[1]。後者は「真のAI」や「汎用人工知能」とも呼ばれます。

　こうしたAI冬の時代の間は予算や人員などがとても絞られ、研究も停滞していました。しかしそうした状況でも諦めずに研究を続けた人がいたことによって、次の発展の礎が築かれます。例えばパーセプトロンは**多層パーセプトロン**（MLP: Multi-Layer Perceptron、p.069参照）に発展し、ニューラルネットワークの基本的なアーキテクチャの1つとして現在も使われています。また深層学習の基礎技術となった誤差逆伝播法（p.071参照）も、まさに2回目の冬の時代に差し掛かった1986年に現在の形で定式化されました。

　1990年代からは**機械学習**（p.058参照）による統計的な手法が脚光を浴びます。機械学習とは人間の「学習」の数理モデル化からスタートした、データからパターンを見出して予測や分類を行う技術です。AI研究とほぼ同じくらいの歴史を持ちますが、SVM（サポートベクターマシン）などいくつかの有用で汎用性の高い手法の発明と、コンピュータの性能向上により（当時の）大規模データを扱える計算能力を得たことで、大きな発展を遂げます。さらに1990年代後半からのインターネットの普及により、データの収集が低コストになったこ

---

[1]　Searle, John R. "Minds, brains, and programs." Behavioral and brain sciences 3.3 (1980): 417-424.

とも機械学習の発展の強い後押しとなります。

　2010年代に入ると、いよいよ**深層学習**（p.069参照）が劇的な進展と共にAI研究の主役になります。2012年のAlexNetによる画像分類コンテストの優勝と、Googleによる教師なしで訓練された深層学習モデルが猫を認識したという報告が、深層学習の時代の始まりを告げる号令となりました。その後も毎年のように、それまで機械には難しいとされてきた分野で人間を上回る性能を次々と達成し、現在に続くAIブームを形作ります。応用範囲もますます広がり、スマートフォンの指紋認証や顔認証、音声認識や機械翻訳など、現在では日常的に使われる技術となっています。

　そうして2012年から始まった第3次AIブーム（深層学習ブーム）は衰えるどころか、画像生成AIやChatGPTによってさらに勢いを増しています。これまでのブームとは様相が異なることから、今は「第4次AIブーム」だという主張もあります[2]。大規模言語モデルの発展はまだまだ余地を残しており、このブームは当面終わる気配はありません。

　強いAIに関する議論も新しい局面を見せています。機械学習や深層学習は弱いAI（タスク特化AI）でしかなく、その技術の延長で強いAIは実現できないというのが従来の常識でしたが、ChatGPTやそれに先立つ大規模言語モデルの登場によってその常識は揺らいでいます。それらはまさに機械学習の技術であるにも関わらず、明らかに弱いAIの枠を超えて汎用的なタスクに適用できているからです。人間の知能ができることのすべてをカバーして強いAI（真の理想的な人工知能）の実現に至るにはまだ課題は残っているものの、ChatGPTは汎用人工知能（の始まり）であるという主張も少なくありません[3]。

　AIの長くも短くもある歴史の中で、研究者たちが夢見てきたことよりもっとすごいことが実現できているわけで、それに比べればChatGPTの道が汎用人工知能に続いているかどうかは些事かなあ、と個人的には思っていたりします。

[2] 人工知能研究の第一人者・松尾豊さんが語る"第4次AIブーム"【博士の20年】- サイエンスZERO - NHK　https://www.nhk.jp/p/zero/ts/XK5VKV7V98/blog/bl/pMLm0K1wPz/bp/pj27knKK8B/

[3] Bubeck, Sébastien, et al. "Sparks of Artificial General Intelligence: Early Experiments with GPT-4." arXiv preprint arXiv:2303.12712（2023）.

■ AIの歴史（タイムチャート）

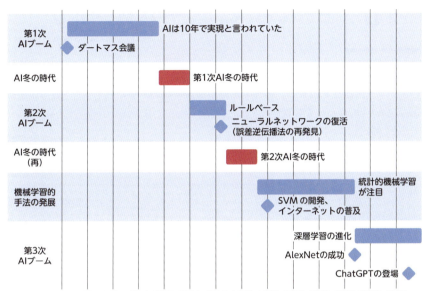

まとめ

- AI技術への過度な期待が強い批判を生み、2度の停滞期を迎えたが、地道な技術の進展により現在のような劇的な進展を遂げた。
- 機械学習は弱いAIしか実現できないと思われてきたが、現在の生成AIは機械学習の技術によって実現されている。

Chapter 2 人工知能

10 生成AIと汎用人工知能

最先端のAIは「生成AI」と呼ばれ、従来のAIとは一線を画するレベルのことが実現できるようになっています。本節では同じ文脈で使われることも多い「汎用人工知能」についてもあわせて解説します。

● 生成AI

近年、**生成AI**（Generative AI）という言葉が広く使われるようになりました。この用語は、ChatGPTのような大規模言語モデルやStable Diffusionといった画像生成技術を含む、複雑なデータを生成する最先端のAI技術全般を指す言葉として自然発生的に広まったもので、厳密な定義は存在しません。一般的にはデータ、特に人間が生成するようなテキストや画像、音楽、動画、プログラムコードなどを生成するAI技術が「生成AI」と呼ばれます。

過去には、コンピュータ将棋やDeepMindのAlphaGoのような将棋や囲碁のAIがトッププロを破るなどして一般向けのニュースでも話題になりました。これらは単に「AI」、あるいは「将棋AI」などとは呼ばれたものの、新しい固有の総称で区別されることはありませんでした。

やはり、画像生成AI（Stable Diffusionなど）やテキスト生成AI（ChatGPTなど）のような、従来と一線を画すような「未来のAI」は「今までのAI」とは区別したいということから、それらに共通する「生成AI」が総称として自然に定着したのではないかと思われます。

生成AIは、人間が作るレベルのデータ（画像・テキストなど）を生成できることが最大の特徴の1つですが、単にデータを生成するだけであればAIの研究の初期からありましたし、2018年頃までにはもう人間が書いたレベルの文章や写真レベルの画像が生成できるようになってきていました[1]。

---

[1] GAN 2.0: NVIDIA's Hyperrealistic Face Generator | Synced
https://syncedreview.com/2018/12/14/gan-2-0-nvidias-hyperrealistic-face-generator/

「生成AI」と呼ばれる技術の画期的な点は、生成するものを自然言語で指示できることです。それが技術的に可能になり始めたのは2020年のGPT-3あたりからですが、より大きな転換点となったのは、画像生成AIのMidjourneyが2022年にオープンβサービスを始めたことでしょう。「誰でも書ける普通の文章でAIに指示し、高品質な画像を生成する」という経験をAIの専門家ではない一般の人が経験できるようになりました。やはりそれは衝撃的で画期的なできごとであり、今までの「AI」とは異なる別の名前が必要になったのもうなずけます。

　生成AIはAI技術の中でどのような位置づけにあるのかわかるように、機械学習や深層学習なども含めた「代表的なAIっぽい用語」の関係を図にまとめてみました。

■ AI関連技術のベン図

AI（人工知能）／機械学習／ルールベース・エキスパートシステム／例：将棋AI／深層学習・ニュートラルネットワーク／遺伝的アルゴリズム／強化学習／生成AI

　この図は用語の包含関係を表しています。例えば深層学習や強化学習は機械学習に含まれ、機械学習の一種であることを表しています。機械学習以外にも、判断のルールをプログラミングコードなどに落とし込んだもの（ルールベースAI、エキスパートシステム）や、遺伝的アルゴリズム[2]など、幅広い技術を「AI」は含んでおり、確かに「AI」が広い概念であるとわかります。

---

[2] 遺伝的アルゴリズムは探索アルゴリズムの一種であるとし、AIとは区別する考え方もあります。

実際のAIアプリケーションはこうした技術の複合となっています。例えば将棋AIは、深層学習からルールベースまでさまざまなAIの要素技術を用いており、図では複数の技術を横断する形で描いています。

　生成AIは先ほども言ったように厳密な定義はなく、さまざまな技術的要素を含む可能性がありますが、その特徴である「自然言語で指示し、人間レベルのデータを生成するAI」を実現できるのは現在のところ深層学習に限られますので、上の図では生成AIを深層学習の一部と位置づけています[3]。

● 汎用人工知能（AGI）

　最近、**汎用人工知能**（**AGI**: Artificial General Intelligence）という言葉が一般的なニュースなどでもよく使われています。OpenAIやDeepMind（Google）やMeta（Facebook）などの先端AI企業はこぞって汎用人工知能の実現を目標として掲げています[4][5][6]。

　汎用人工知能とは、読んで字のごとく「汎用的にいろいろ使えるAI」だと思うでしょうが、実はそうではありません。もしそうなら、ChatGPTはさまざまなタスクに十分汎用的に使えているので、汎用人工知能はすでに実現していることになりますね。

　人間と同等かそれ以上の知能を持ち、人間が行うようなさまざまなタスクを実行可能な「理想のAI」を汎用人工知能と呼びます。この用語は2007年に書籍のタイトルで登場し[7]、語感の良さからか広く使われるようになりましたが、実は新しい概念ではありません。哲学者のジョン・サールが1980年に提案した「強いAI」（p.049参照）と基本的には同じです。これはAI研究の目標を指す言葉であり、具体的な手法やモデルではありません。そのため、前項のベン図にも「汎用人工知能」は載せていません。

---

[3] 生成AIの学習の一部に強化学習的な手法が用いられることがあります。
[4] Planning for AGI and beyond　https://openai.com/blog/planning-for-agi-and-beyond
[5] About - Google DeepMind　https://deepmind.google/about/
[6] Metaのザッカーバーグ CEO、AGI開発宣言 「AIとメタバースは繋がっている」- ITmedia NEWS　https://www.itmedia.co.jp/news/articles/2401/19/news098.html
[7] Goertzel, Ben. "Artificial general intelligence: concept, state of the art, and future prospects." Journal of Artificial General Intelligence 5.1（2014）: 1.

「人間と同等かそれ以上の知能を持つAI」はとても難しい問題です。実現が難しいのはもちろんですが、それ以上に「人間以上の知能を持つとはどういう状態か」を定義することが難しいです。機械が人間的であるかどうかを確認する方法として有名な**チューリングテスト**は、機械が人間と見分けが付かない会話をできたら人間並みと判定する手法です。機械が人間並みか判定する問題を定式化した点で、チューリングテストは重要な一歩でしたが、手法自体はもはや古典的で批判も多いです。中国語の部屋（p.290参照）も、AIとチューリングテストへの批判の1つです。

■ チューリングテスト

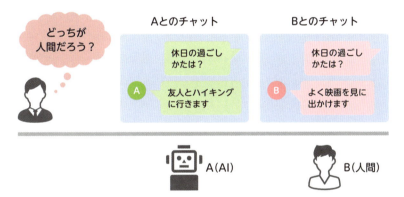

　そのため汎用人工知能の定義や判定方法も活発に研究されています。例えばDeepMindは汎用人工知能をその達成度合いから5段階に分類して定義することを提案しています[8]。またMicrosoftは、GPT-4（p.028参照）はすでに汎用人工知能の初期段階にあると主張しています[9]。

　あるいは明示的な定義を避けて、もし汎用人工知能があるとしたら少なくともこういう性質を持つだろう、こういうことができるだろうという必要条件を満たすものを開発することで、汎用人工知能に寄せていくというアプローチも

---

[8] Morris, Meredith Ringel, et al. "Levels of AGI: Operationalizing Progress on the Path to AGI." arXiv preprint arXiv:2311.02462（2023）．

[9] Bubeck, Sébastien, et al. "Sparks of Artificial General Intelligence: Early Experiments with GPT-4." arXiv preprint arXiv:2303.12712（2023）．

あります。例えばAIが人間並みの知能を持つなら、人間と同じくらい表現力を持つ言葉や絵を出力するはずです。その点で、生成AIは汎用人工知能の実現につながっていくだろうと期待する人もいます。

　汎用人工知能（強いAI）は長らく理論上の概念に過ぎませんでしたが、生成AIの進歩によりにわかに現実味を帯びてきました。そのため、汎用人工知能が実現した場合のリスクについての議論も始まっています[10]。また現実的なリスクを超えて、汎用人工知能によって人類が滅亡するというリスクを真剣に主張する人たちが、AIの専門家の中にもいます[11]。まるで映画『ターミネーター』のようにAIが反乱を起こす極端なパターンだけではなく、AIに頼りすぎて人間が創造性を失う懸念なども指摘されています。

まとめ

- 生成AIは人間並みのデータ生成を自然言語で指示できるAI。汎用人工知能（AGI）は人間と同等かそれ以上の知能を持つ理想のAI。

- 汎用人工知能（真の人工知能・強いAI）の定義は難しく、また実現した場合のリスクも懸念されている。

---

[10] Bostrom, N. "Superintelligence: Paths, Dangers, Strategies." Oxford University Press (2014).

[11] 『AIで人類絶滅のリスクは現実』アルトマンやハサビス、ヒントンら専門家が共同声明 | テクノエッジ TechnoEdge　https://www.techno-edge.net/article/2023/05/31/1359.html

3章

機械学習と深層学習

AIを実現する技術である機械学習と深層学習の基本について解説します。機械学習はデータからパターンを見つけ出し、新しいデータに対して予測や判断を行う技術であり、深層学習はその中でも特に多層のニューラルネットワークを用いて高度な認識や予測を行います。章の中では、機械学習の基本的な手法、ニューラルネットワークの構造や学習方法（勾配法や誤差逆伝播法）などを解説しています。

Chapter 3 機械学習と深層学習

11 機械学習

機械学習はAIを実現する最も代表的な手法です。機械学習を使うことで、コンピュータは与えられたデータからパターンや法則を見つけ出し、新しいデータに対して適切な予測や判断を行えるようになります。

● 機械学習≠機械が学習

機械学習やAIについて「使っているうちにどんどん賢くなるんですよね？」と聞かれることが多々あります。しかし「機械学習」という名前にミスリードされがちですが、残念ながら今のAIが勝手に賢くなることはありません[1]。機械学習で「データから学習する」というときの「学習」は機械学習の専門用語で、人間の『学習』とは異なります。人間のように新しい知識を身につけたり、できなかったことができるようになることではないのです。

機械学習では、データをうまく説明できそうなモデルを選びます。そのモデルをデータに合うように調整することを**学習**（Learning）と言います。特に「大量のデータに合わせて、確率モデルのパラメータを調整する」という汎用性の高い枠組みが、現在の機械学習の主流となっています[2]。

機械学習のモデルを選んだ時点で、その調整可能な範囲が決まりますので、理論上の最高精度も決まってしまいます。その最高精度にできるだけ近づけられるのが良い学習です。素晴らしいポテンシャルを持つモデルだったとしても、学習の効率が悪く、現実的な時間で解が求まらなければ意味がありません。

そのため、機械学習ではモデル選択と学習アルゴリズムがとても重要です。この点だけでも『人間の学習』とは確かに違いそうです。機械学習の学習のことを**訓練**（Training）とも呼びますが、『人間の訓練』の「決まった動きを反復して、

---

[1] 大規模言語モデルに記憶機能を持たせて、自律的に賢くなる状態を再現する試みも行われています。Memory and new controls for ChatGPT | OpenAI
https://openai.com/index/memory-and-new-controls-for-chatgpt/

[2] 特にその枠組みやモデルを指す場合は**統計的機械学習**や**確率的パラメトリックモデル**などとも呼ばれます。

よりうまくできるようにする」という特徴は、確かに機械の学習との共通点が多そうです。

そして、もうひとつ重要なものが学習に用いるデータです。実は機械学習は見たことがないデータが苦手なため、賢い機械学習のためには網羅的で偏りが少なく質の高いデータが大量に必要になります。今はインターネットを通じて容易に大量のデータを集められますが、「網羅的」「偏りが少ない」「質が高い」が難問です。そんなデータの整備は、現状はどうしても人間の手が多くかかります。それが機械学習やAIが勝手に賢くなってくれない理由です。

■ 機械学習を構成する3つの要素

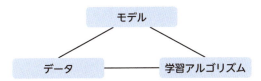

機械学習の種類

機械学習には大別して**教師あり学習**と**教師なし学習**、そして**強化学習**の3種類があります。これらの主な違いはデータの与え方（学習方法）になります。これら3種類は排他的なものではなく、組み合わされることもあります。

■ 3種類の機械学習

種類	データの学習方法	タスクの種類
教師あり学習	正解付きのデータで、正解を予測できるように学習	分類、翻訳など
教師なし学習	収集されたままのデータから、性質や分布を学習	クラスタリング
強化学習	モデルの実行結果を評価し、そのフィードバックから学習	ロボット制御、対戦ゲームなど

教師あり学習は精度が高く、応用範囲も広いことから、機械学習の主流と言えますが、データの準備が高コストという難点があります。一方、教師なし学習はデータの準備が教師あり学習より低コストですが、正解がないために精度

の制御が難しく、応用にも制限があります。

機械学習の発展とともにモデルとデータセットが大きくなると、教師あり学習のためのデータ準備コストも増大していきます。そこで、教師あり学習と教師なし学習の良いところを融合して、**半教師あり学習**や、教師なしデータから問題と正解を作って教師あり学習を行う**自己教師あり学習**などが開発されました。大規模言語モデルも自己教師あり学習で学習されています（p.174参照）。

強化学習は、モデルの推論結果を使って探索を繰り返し、データを自ら集めながら学習します。学習が難しくコストも高いですが、ロボット制御やゲームAIなど、フィードバックや自律性が重要なタスクで威力を発揮します。大規模言語モデルでは、人間の好みの反映や指示に従う能力を人間からのフィードバックに見立てることで、強化学習の枠組みを使って学習する手法があります（p.183参照）。

推論と学習

学習したモデルを使って、データに対する予測結果を出力させることを**推論**（Inference）と言います。機械学習における学習と推論の関係は、法則を見破るタイプのひらめきクイズを思い浮かべるとわかりやすいでしょう。

■ ひらめきクイズ!!

		入力	出力
(1)	学習	魚	高菜
(2)	学習	スイカ	追加
(3)	学習	最小	隊長
(4)	推論	戦争	?（予測）

このひらめきクイズでは、「魚」を入力すると「高菜」が出てくるといった既知のデータ (1) ～ (3) が示されます。それらのデータから法則を見破るステップが「学習」です。一方、正解がわからない (4) がクイズとして出題されます。見破った法則（学習したモデル）でクイズに答えるのが「推論」です。

ちなみにこのクイズの法則は「サ行の音をタ行に変える」であり、「戦争（せんそう）」に対する正解の推論は「てんとう（転倒・点灯など）」です。

　ただしコンピュータはひらめいてくれませんし、法則ももっと複雑です。そこで、複雑な法則を表現できるモデルと、ひらめかなくても法則を見つけ出せる学習アルゴリズム（モデルの調整方法）が必要になります。機械学習の現在の主流は、モデルとデータから当てはまりの良さを表す値を計算し、その値が良くなるようにモデルのパラメータを調整する方法です。「当てはまりの良さ」を表す値は**ロス**（Loss、損失）と言い、小さいほど当てはまりが良いです。正解と予測の差の平均などがロスとして使われます。

　今、データを固定して考えます。モデルのパラメータを変えたらロスの値が変わりますから、これをパラメータの関数と見なしたものが**ロス関数**です。つまり機械学習とは、ロス関数が最小となるようなパラメータを見つけることである、と定式化できます。

　学習と推論の違いも確認しておきましょう。学習では、データセットを固定してモデルのパラメータを動かし、ロスが最も小さくなるパラメータを選びます。推論では逆に、パラメータは学習によって決まった値に固定し、さまざまな入力データに対し予測値を出力します。

■ 機械学習の学習と推論（予測）の違い

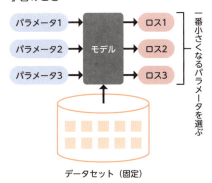
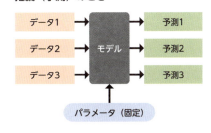

● 最適化

関数の最小解（関数が最小となるときの引数の値[3]）を見つけるというのは実はとてもとても難しい問題です[4]。難しい問題にはちゃんと名前が付きます。というわけで、関数の最小化は**最適化問題**（Optimization）と呼ばれ、1つの学問分野になっています。最適化問題ではターゲットとなる関数のことを**目的関数**（Target Function）と言います。つまり、機械学習の学習アルゴリズムは、ロス関数を目的関数とする最適化問題を解く方法として実現されます。

最適化の手法にもさまざまありますが、機械学習でよく使われるのは勾配法と呼ばれる反復的な手法です。勾配法についてはニューラルネットワークの節で解説します（p.071参照）。

もしコンピュータが無限の速さを持っていれば、すべての取りうるパラメータの組み合わせ（宇宙の原子の総数より多かったりするが、それでも有限！）に対してそれぞれロスを計算し、ロスが最小となるパラメータを見つけることが0秒でできるので、最適化技術は不要です[5]。しかし現実はそうではないので、大規模なモデルと大規模なデータに対して現実的な時間で最小解（の近似）を見つけられる最適化手法が重要になります。

● 汎化と過適合

上で述べた通り、機械学習ではロス（モデルがデータに当てはまっている度合い）が小さくなるパラメータを探します。このとき、学習に使われたデータにモデルが過度に当てはまってしまうことがあります。これを**過学習**または**過適合**と言います[6]。

---

[3] 最小値と最小解の違いは、関数 $y=f(x)$ が $x=x_0$ で最小となるとき、「最小値」は $f(x_0)$ で、「最小解」は $x=x_0$ を指します。

[4] 高校数学で関数の最小値を見つける問題をいっぱい解かされたよ、と言いたいでしょうが、あれは高校数学の範囲で解けるように調整された特別簡単な問題だったのです……。

[5] 機械学習の文脈で量子コンピュータの名前が時々取り上げられるのは、組合せ最適化に限るものの（理想の）量子コンピュータは「全部計算して最小を選ぶ」が原理的に可能だからです。ただし、2024年現在の量子コンピュータが解ける問題サイズは、人間でも暗算で解けるレベルなので、機械学習への応用は当分先でしょう。

[6] 英語は overfitting なので訳語としては「過適合」が適していますが、「過学習」のほうが広く使われています。

しかし「過度に当てはまる」とは何でしょう？　機械学習はモデルがデータに当てはまるように学習するのですから、よく当てはまって何が悪いのかわかりません。実は「学習に使われるデータが、真のデータ全体と比べて少なすぎる」ことがこの問題を引き起こしています。

　例えば機械学習の最も初歩的な問題である、下の左図の4点を通る関数（グラフ）の推定を考えます。人間なら右図の赤線のようグラフを引くでしょう。一方、緑や青のグラフも4点を通る条件を満たしますが、こんな「変な関数」が正解とは考えにくいですよね。

■ 関数の推定と過学習

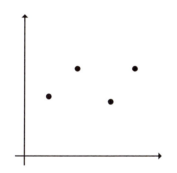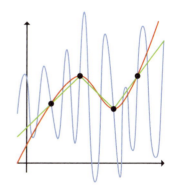

　いや、本当にそうでしょうか？　青のようなグネグネグラフが変であることは間違いないでしょう。しかしその理由が「グネグネしているから」では曖昧すぎる気がします。

　そして緑のグラフが変かどうかは意見が分かれそうです。データをもっと集めたときに、データ全体が次ページの図の左のようになるか、右のようになるかは与えられた4点のデータだけを見ていてもわかりません。

■ 限られたデータからデータ全体を知るのは難しい

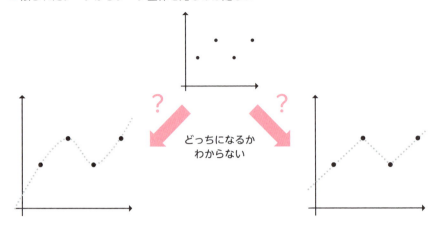

　機械学習はこれらの問題をどのように扱うのでしょう。
　まず青のグネグネグラフについては、入力データのわずかな違いに対して出力（予測）の変化が大きすぎます。例えばネコの画像の1ピクセルの色が変わってもネコであることは変わりませんし、文章の中の1つの「、」(読点)がなくなっても文の意味はまず変わりません。つまり入力データの変化が小さいなら、出力の変化も小さいべきです。青のグラフはこれに反しています。過学習とは、まさにこのような「わずかな入力の変化に対し、出力の変化が大きすぎる」状態に陥ったモデルを指します。
　どちらのグラフが正解かわからない問題に対しては、学習用以外にも別途データを用意し、モデルが未知のデータに対しても当てはまるかを検証するのが一般的です。p.060の「ひらめきクイズ」の例で言えば、伏せておいた問題「寿司（すし）→土（つち）」をクイズのシンキングタイムの後で出して、見破ったつもりの法則「サ行の音をタ行に変える」が正しいかどうかを確認することに相当します。学習用以外のデータには、モデル選択に使う**検証データ**と、モデルの精度を測る**テストデータ**があります。一般に機械学習では学習データが多いほど精度が上がりますが、検証データたちも十分に確保しないと適切なモデル選択や精度測定ができないため、データの割合は悩ましい問題です。
　テストデータで測ったモデルの精度は未知のデータに対する精度と解釈され、**汎化性能**と呼ばれます。機械学習の目的はこの汎化性能が高いモデルを限

られた訓練データから学習することです。「4点を通るような関数を求める問題」などの初歩的な例題でも、複雑で巨大な大規模言語モデルでも、過学習と汎化は同様に重要です。

AIは学習データを切り貼りしてるだけ？

　AIが生成する画像やテキストは学習データを切り貼りしてるだけではないか、という疑問を耳にすることがあります。確かに学習とはデータへの当てはまりを良くすることなので、特に過学習したモデルでは切り貼りのような出力がされる可能性はあります。しかし、学習データを切り貼りしてるように見えるモデルは汎化性能が低く、生成AIのような競争が激しい分野では必ず淘汰されます。

　別の観点でも考えてみましょう。生成AIにはハルシネーション（p.272参照）という、存在しない間違いを創造してしまう欠点があります。しかし、間違いを創造できるということは、ただの切り貼り以上のことができる何よりの証拠です。

　MicrosoftのGitHub Copilotはプログラミングをサポートする生成AIです。その出力は約150字ごとにGitHubの公開コードと比較され、一致する場合は表示されないようフィルタリングされます[7]。もし生成AIが切り貼りしかできないのであれば、GitHub Copilotは何も出力できません。

　以上から、冒頭の疑問に対して「生成AIの出力が学習データの切り貼りになることは基本的にはなく、仮に一時的にそうなったとしても時間とともに解消される」と安心して答えられます。

まとめ

- 機械学習のアプローチは、学習データに対しモデルの当てはまりの良さを最適化する。
- 汎化性能（未知のデータに対する予測性能）を高めることが機械学習の目的。

---

[7] OrganizationでのCopilotのポリシーと機能の管理 - GitHub Docs
https://docs.github.com/ja/copilot/managing-github-copilot-in-your-organization/managing-policies-and-features-for-copilot-in-your-organization

12 ニューラルネットワーク

Chapter 3 機械学習と深層学習

ニューラルネットワークは人間の脳の神経回路網に着想を得た機械学習のモデルです。AIチャットも画像生成AIも、いずれもニューラルネットワークによって実現されています。

● ニューラルネットワークとは

ニューラルネットワーク（Neural Network）は、人間の脳にある神経細胞（**ニューロン**）のネットワークをコンピュータ上で模倣したモデルです。知能を実現している人間の脳では、1000億個ものニューロンがつながって電気信号をやり取りすることで視覚や言語などの認知機能を含む高度な情報処理を行います。この仕組みをシミュレートすることがAI（人工知能）の実現につながるだろう、と考えるのは自然な発想ですよね。

ただしニューラルネットワークの目的はAIの実現であり、脳の再現ではありません。ニューラルネットワークでよく使われるモデルの構造や学習のための計算は、人間の脳で行われる処理とは原理的に異なっていますし、そもそも人間の脳には神経回路網以外の領域も多数あります。人間の脳全体を再現することで、脳を超える汎用人工知能の実現を目的とした**全脳アーキテクチャ**という研究も行われています[1]。全脳アーキテクチャはニューラルネットワークとの共通点はもちろんあるものの、根本的には異なる研究です。

● ニューラルネットワークの仕組み

ニューラルネットワークは神経細胞になぞらえた**ニューロン**によって構成されます。神経細胞はシナプスで接続され、電気信号が伝えられます。ニューラルネットワークでもニューロンが接続して、信号の代わりに数値を伝達しま

---

[1] 全脳アーキテクチャとは | 全脳アーキテクチャ・イニシアティブ https://wba-initiative.org/wba/

す。ニューロンとその接続は、以下の図のように模式化されます。

■ ニューラルネットワークを構成するニューロン

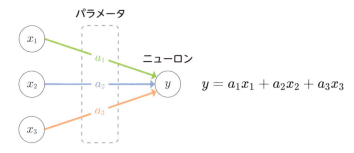

上の図では、ニューロン（丸印）が数値（x_1、yなど）を保持し、矢印がこれらのニューロン間の接続と数値の伝達を示します。左のニューロンから右へ数値が伝わるとき、矢印の重み（a_1など）が適用されます。ニューロンへの全入力の合計が新しいニューロンの値になります。言葉では複雑ですが、数式にすると次のようにシンプルです。

$$y = a_1 x_1 + a_2 x_2 + a_3 x_3$$

このとき、矢印に付いているa_1, a_2, a_3のような重みをニューラルネットワークの**パラメータ**と呼びます。ニューラルネットワークのモデルサイズとは、このパラメータの個数を指します。また、このような関数は**線形関数**と呼ばれます。

ニューラルネットワークを構成する数式は2種類に大別できます。1つは線形関数です。ニューラルネットワークの式の大半は線形関数で表されます。しかし線形関数だけではニューラルネットワークはうまく働きません。AIの歴史の節で、最初期のニューラルネットワークは限定的な易しい問題（線形分離可能な問題）しか解けなかったため、AIの停滞期になってしまったという話を説明しましたね（p.049参照）。実はその理由は、線形関数だけで構成されているニューラルネットワークだったためなのです。

そこで**活性化関数**と呼ばれるもう1つの数式が重要になります。活性化関数は非線形関数（上のような式で表せない関数）であり、線形関数の出力に対する変換として働きます。活性化関数は「ニューラルネットワークは簡単な問題

しか解けない」という問題を解決しただけでなく、ニューラルネットワークがあらゆる現象を表現できる[2]ことを示し、ニューラルネットワークの最初の大きなブレイクスルーとなりました。

　以下は代表的な活性化関数の1つである**シグモイド関数**と呼ばれる数式とそのグラフです。非線形とは、この図のグラフのように直線にならない関数を意味します。

■ シグモイド関数のグラフと数式

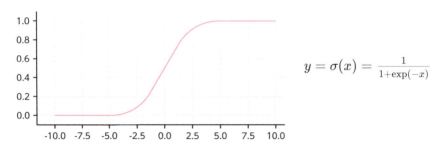

　ちなみに「シグモイド」という名前は、アルファベットのsに対応するギリシャ文字のシグマ（σ）から付けられています。グラフの形がsを引っ張って伸ばした形をしていることから、「sっぽい」＝「シグモイド」という名前になりました[3]。意外と単純な名前ですよね。

　こうした活性化関数はニューロンの出力に対して施されてから他のニューロンに入力されます。次の図は、活性化関数を組み込んだ簡単なネットワークです（通常はニューラルネットワークのグラフ表示で活性化関数は明示されません）。

　基本的にすべてのニューラルネットワークはこのように線形関数と活性化関数の2種類の関数の合成（関数の出力を別の関数に入力）で構成されます[4]。

---

[2]　任意の関数を任意の精度で近似できるという性質で、ニューラルネットワークの普遍性定理と呼ばれます。

[3]　形を指す名前なので、実は「シグモイド関数」は他にもいくつかあります。この数式の関数に限定したい場合は、ロジスティック・シグモイド関数と呼びます。

[4]　ランダムに入力値を0にするドロップアウトなど、これらの関数で表現できないニューラルネットワークの構成要素も若干あります。

■ ニューロンのネットワークと関数による表現

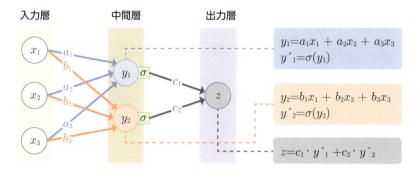

多くのニューラルネットワークではニューロンはグループ化され、グループの出力が次のグループの入力となるよう構成されます。このグループをニューラルネットワークの**層**（レイヤー）と言います。上の図のネットワークは入力層、中間層、出力層の3層からなり[5]、前の層のすべてのニューロンが次の層の各ニューロンに入力されています。これを全結合と言い、全結合された3層のニューラルネットワークを**多層パーセプトロン**と言います。

ニューラルネットワークには多層パーセプトロン以外にもさまざまな構造のパターン（アーキテクチャ）があり、いずれも複数の層からなるネットワークとして構成されます。そうした層を多く重ねることを「深い」と呼ぶようになり、層が深く重なったネットワークは特に**深層ニューラルネットワーク**、その学習を含めた技術全般は**深層学習**と名付けられました。

まとめ

- ニューラルネットワークは人間の脳の神経回路網に着想を得た機械学習のモデル。
- 多層のニューロンを接続し、活性化関数により複雑な入出力関係を表現できる。

---

[5] 入力層は層にカウントしない流儀もあります。

Chapter 3　機械学習と深層学習

13 ニューラルネットワークの学習

ニューラルネットワーク（深層学習）がここまで発展した最も大きな要因は、大きく複雑なニューラルネットワークでも学習できるような、画期的な学習手法にあります。

● 勾配法による学習

　ニューラルネットワークの学習は、学習データをネットワークに入力し、出力（予測値）と正解の差である**ロス**（**損失**）が最小になるようにパラメータを決めることです。その方法を、以下の図のネットワークで考えてみましょう。

■ネットワークのパラメータを変化すると、出力も変化する

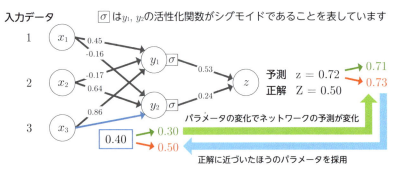

　各矢印に暫定的な重み（パラメータ）が割り振られた2層のネットワークです。ここにデータ $(x_1, x_2, x_3) = (1, 2, 3)$ を入力し、ネットワークに従って計算したときの出力 $z = 0.72$ が現在のネットワークによる予測値です。
　ここで、入力 $(1, 2, 3)$ に対する正解値は $Z = 0.50$ とわかっているとします。予測が正解に近づくようにパラメータをちょっとずつ調整しましょう。
　図の青い矢印 $x_3 \to y_2$ に注目し、その現在の重み 0.40 を 0.30 と 0.50 に変えた場合の出力を計算すると、それぞれ $z = 0.71$ と $z = 0.73$ となりました。そこで

正解 $Z = 0.50$ に近づく 0.30 に重みを更新しましょう。このような更新操作をすべての矢印で行い、さらにデータを変えて繰り返すことで、予測と正解の差は小さくなっていきます。

このネットワークは矢印が8本しか無いので、こんな原始的な方法でもそのうち解が求まりそうです。しかし大規模言語モデルのような本格的なニューラルネットワークはパラメータが10億個以上あります。とても無理です。

このプロセスに必要なのは「パラメータを少し動かしたときに、ロスは減るか増えるか」という情報です。それは「パラメータに対するロスの変化率」であり、数学で言う「微分」です。つまり、8個のパラメータそれぞれでロスの微分を効率よく計算できれば、この方法でニューラルネットワークモデルの学習ができます。各パラメータでの微分を並べたものを**勾配**[1]と言い、それを使ってパラメータを更新し、最小解を見つける方法を**勾配法**と言います。

一般に最小解を求める問題は**最適化問題**（optimization）、その対象となる関数を**目的関数**と呼びます。勾配法は最適化問題の代表的な解法の1つです。深層学習のプログラムには Optimizer という言葉が出てきますが、それはこの最適化問題の解法器という意味です。

一般に傾きが大きいほど最小解は遠いので、勾配の値をそのままパラメータから引き算するのが最もシンプルな勾配法です。しかしそれでは最小解を飛び越えてしまうことも多いので、0.001 などの小さな定数を勾配に掛け算して更新の度合いを調整します。この定数を**学習率**と言います[2]。

● 誤差逆伝播法

ニューラルネットワークのロスを一般化すると、以下のような関数の入れ子で表せます。f, g, h はパラメータを含む適当な関数で、実際はもっと多いですが、説明のために3個にしています。

---

[1] より正確には、勾配とは偏微分係数のベクトルです。
[2] うまく速く学習するために、勾配法に加えてさまざまな工夫が行われています。例えば同じ移動方向が続くときに加速する方法をモーメント法と言います。深層学習でよく使われる Adam は、代表的なモーメント法の Optimizer です。学習率も定数と紹介しましたが、学習の間に変化させることで学習が安定することが知られています。

$$y = f(g(h(x)))$$

この式はまず$h(x)$を計算し、その結果を関数gに入れて、さらにその結果を関数fに入れるという意味です。このような操作を関数の合成といいます。

勾配は、yを各パラメータで微分した値です。例えば関数$h(x)$のパラメータwでの勾配は、高校数学で習う合成関数の微分の公式を使うと以下のように計算できます。細かいところはさておき、元の式より長く複雑ですよね。

$$\frac{\partial y}{\partial w} = f'(g(h(x))) \cdot g'(h(x)) \cdot \frac{\partial h}{\partial w}(x)$$

この式の複雑度は関数の合成数（ニューラルネットワークの層の数）が増えるほど上がります。しかもこの計算で求まるのはパラメータw1個の微分だけなので、すべてのパラメータに渡って繰り返す必要があります。仮に1回の計算にパラメータの個数の分だけの時間がかかるとすると、パラメータ数が倍になったら勾配の計算時間は4倍、10倍になったら時間は100倍になります。

この深刻な問題を劇的に解決したのが、1986年頃に再発見された**誤差逆伝播法** (backpropagation) でした[3]。誤差逆伝播法は、パラメータ数が2倍になっても勾配の計算時間が2倍で済む画期的な手法です。

■ 誤差逆伝播法

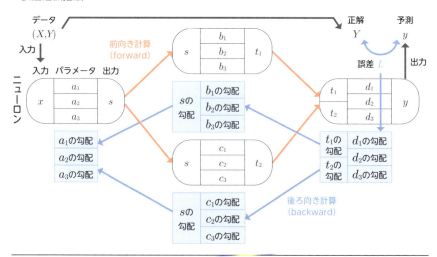

[3] Rumelhart, David E., Geoffrey E. Hinton, and Ronald J. Williams. "Learning representations by back-propagating errors." nature 323.6088 (1986): 533-536.

誤差逆伝播法は、大きく2つのステップに分かれます。第1ステップの前向き計算（forward）では、通常通りにネットワークに沿って計算し、予測値を出力します。ただし次のステップのために途中の計算結果を各ニューロンに残しておきます[4]。

　第2ステップの後ろ向き計算（backward）では、前向き計算で得た予測値と正解値との誤差を求め、そこから微分を計算します。そして微分の値をネットワークの矢印を逆にたどって渡していきます。各ニューロンでは前向き計算で残しておいた計算の途中結果と、出力先のニューロンから渡ってきた値を使い、パラメータごとの微分の値を簡単な計算で求められます[5]。そしてまたその結果を1つ前のニューロンに渡します。誤差から求めた微分をネットワークを遡ってリレー形式で渡していくので「誤差逆伝播」というわけですね。

　この誤差逆伝播法によって、各パラメータに対するロス関数の勾配を一度の前向き計算と一度の逆向き計算で効率的に求め、多層ニューラルネットワークの学習を現実的な時間内に行えるようになりました。

- ニューラルネットワークの学習は勾配法によってロスを最小化する。
- 誤差逆伝播法で効率的に勾配（微分）を計算し、大規模なネットワークでも学習を可能にした。

---

[4] 深層学習ライブラリでは、前向き計算を始める前に途中の計算結果を残すか残さないかを教える必要があります。例えばPytorchの場合、予測計算のときは torch.no_grad() をあらかじめ発行して、途中の計算結果を残す必要がないことをライブラリに教えます。

[5] 誤差Lをパラメータa_1で微分した値を計算するとき、偏微分の記号を使うと
$\dfrac{\partial L}{\partial a_1} = \dfrac{\partial L}{\partial t_1}\dfrac{\partial t_1}{\partial s}\dfrac{\partial s}{\partial a_1} + \dfrac{\partial L}{\partial t_2}\dfrac{\partial t_2}{\partial s}\dfrac{\partial s}{\partial a_1}$ で計算ができます。このとき $\dfrac{\partial s}{\partial a_1}$ は前向き計算で求めた値から計算でき、$\dfrac{\partial L}{\partial t_i}\dfrac{\partial t_i}{\partial s}$ はそれぞれ行き先のニューロンから逆伝播で渡されます。この数式を偏微分の連鎖律といいます。

Chapter 3　機械学習と深層学習

14 正則化

ニューラルネットワークの学習では、モデルの複雑さゆえに過学習や勾配消失・勾配爆発といった問題が発生します。これらの問題を解決するための手法が正則化です。

● ドロップアウト

　誤差逆伝播法によって複雑なニューラルネットワークでも学習の計算ができるようになりましたが、今度は別の2つの問題に直面します。

　1つ目はパラメータを増やすと過学習（p.062参照）が発生する問題です。ニューラルネットワークはパラメータを増やすことでモデルの表現力が上がり、どんな問題でも解けるポテンシャルを備えますが、うまく学習できないままでは「やればできる子」で終わってしまいます。

　機械学習において、過学習のような学習における困りごとを解決するためにモデルやロス関数に施す工夫全般のことを**正則化**と言います。もともとは正則化とは解けない問題を解けるようにする手法でしたが、過学習を起こすようなパラメータの多いモデルを安定的に解けるようにする手法として有効だったため、機械学習では正則化の名前はその目的で使われるようになります。ただし、ニューラルネットワークの場合は通常の機械学習よりも圧倒的にパラメータが多すぎたため、従来の正則化手法だけではうまく学習できませんでした。

　そんなニューラルネットワークの過学習の解決策として登場したのが**ドロップアウト**です[1]。ドロップアウトは、学習するときにランダムにニューロンの入力をカットするというシンプルな手法です。この方法でなぜ過学習が軽減されるかを理解するには、過学習とはどのようなものだったかを思い出す必要があります。

　過学習（過適合）は学習データに過度に適合し、入力のわずかな違いで出力

---

[1] Hinton, Geoffrey E., et al. "Improving neural networks by preventing co-adaptation of feature detectors." arXiv preprint arXiv:1207.0580（2012）.

が大きく変わる現象です。ドロップアウトで接続がランダムにカットされると、同じデータで学習してもニューロンへの入力にブレが生じます。この状態で学習することで、入力データの変化に対して出力があまり変わらないモデルとなり、過学習を抑制できます。

■ ドロップアウト

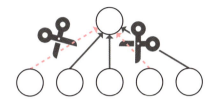

学習時に接続を
ランダムにカット

　入力データの変化に対して強いことを機械学習では**頑健**と言います。ドロップアウトは現在も頑健性を確保するために使われる技術です。

● バッチ正規化

　ニューラルネットワーク学習における2つ目の問題は、層を重ねれば重ねるほど誤差逆伝播法によって計算された勾配がほとんど0になったり、逆に極端に大きな値になり浮動小数点数（p.081参照）で表現できる範囲を超えてしまうなどの現象が発生し、パラメータの更新が正常にできなくなる問題です。この勾配が0になる問題を**勾配消失**、勾配が極端に大きくなる問題を**勾配爆発**と言います。これらの問題はネットワークが深くなると高い割合で発生して学習を妨げ、ニューラルネットワーク研究者を長く苦しめましたが、バッチ正規化という画期的な、でもわかってみれば実にシンプルで直接的な方法が解決の糸口となりました。

　バッチ正規化を理解するために、勾配消失のときに何が起きているのかを見てみましょう。

　深層学習の学習ではパラメータを小さな乱数で初期化します。ニューラルネットワークの層の出力はパラメータを掛け算した値の合計なので、基本的に小さな値になります。その小さな値を次の層に入力するとさらに小さい値にな

ります。こうして層を通るごとに値が小さくなり、その散らばり（分散）も小さくなります。散らばりが小さいとは、何を入力してもほぼ同じ値が出力されるということです。微分は入力に対する出力の変化の割合ですから、出力の変化が0だと微分も0、つまり勾配が消失します[2]。

■ 層を重ねると、出力の散らばり（変化の幅）が小さくなる

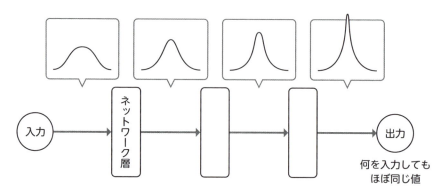

そこで、層の出力の散らばり（分散）が標準的な値の1になるように定数を掛け算してしまえばいい、という解決方法が**バッチ正規化**（Batch Normalization）です[3]。定数は層ごとの出力の散らばりを見て決めます。と言っても、データ1個の入力では散らばり具合はわかりませんから、8個とか32個とかまとまった個数のデータをネットワークに入力して、その中での散らばり具合を計算して使います[4]。このまとまったデータの単位を**ミニバッチ**というので、バッチごとに標準的な散らばりにする「バッチ正規化」という名前になりました。

---

[2] 勾配爆発はもう少し複雑なメカニズムで起きます。誤差逆伝播法では誤差に偏微分の行列（ヤコビアン）をすべての層に渡って掛け算します。その行列の最大固有値が1より大きいと指数関数的に絶対値が増加して勾配爆発が発生すると考えられています。
Pascanu, Razvan, Tomas Mikolov, and Yoshua Bengio. "Understanding the exploding gradient problem." CoRR, abs/1211.5063 2.417 (2012) : 1.

[3] Ioffe, Sergey, and Christian Szegedy. "Batch Normalization: Accelerating Deep Network Training by Reducing Internal Covariate Shift." International conference on machine learning. PMLR, 2015.

[4] 実際には、その値を累積してデータ全体での散らばり具合を推定します。

■ バッチ正規化（BN）で、層ごとの出力の散らばり（分散）を1に正規化

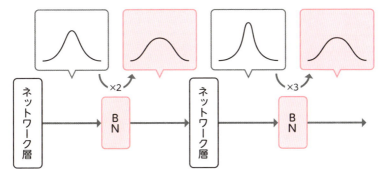

各レイヤーの出力を見て、散らばり（分散）が同じになるように適当な定数を掛ける

ResNet（残差ネットワーク）

そして満を持して登場したのが2016年の **ResNet**（Residual Neural Network、残差ネットワーク）です[5]。ResNetは勾配消失・爆発の問題をほぼ解決し、ニューラルネットの層をいくらでも深くできるようにしました。現在の大規模言語モデルが100層近いネットワークを持てるのはResNetのおかげです。

さらにResNetの役割は単なる正則化にとどまりません。ResNetの考え方により、ネットワークのパラメータを機械的・安定的に増やせるようになりました。大規模言語モデルは膨大な言語の知識を蓄える必要がありますが、それを実現した鍵となる技術の1つがまさにResNetにほかなりません。

---

[5] He, Kaiming, et al. "Deep Residual Learning for Image Recognition." Proceedings of the IEEE conference on computer vision and pattern recognition. 2016.

■ ResNet（残差接続によるネットワーク）

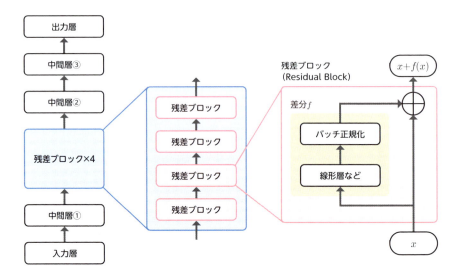

上の図はResNetを簡略化した模式図です。中間層①と中間層②の間には**残差ブロック**というネットワークが入っており、この例では4個の残差ブロックが入っています。

　残差ブロックは右図のような構造をしています。通常のニューラルネットワークの層はそのまま出力を予測する構造になっており、出力の分散が小さくなったり（勾配消失）、入力に含まれる情報が失われる問題が実はありました。一方、残差ブロックは入力xに対して差分$f(x)$を予測する構造になります。ブロックからの出力直前に入力と差分を足して、$x+f(x)$を出力します。この構造を**残差接続**と言います。残差接続により入力の情報が失われる心配も分散が潰れる心配もなくなりました[6]。さらに差分の計算にはバッチ正規化の処理も含まれ、差分が極端な値になることを防いでいます。

---

[6] 残差ブロックの出力は恒等写像に近いので、偏微分の行列（ヤコビアン）は単位行列に近くなります。そのため勾配爆発も起きにくくなります。

これらの工夫により、層がどれだけ深くなってもうまく学習できるようになりました。深層学習ブームの先駆けとなったAlexNet（p.050参照）は8層のネットワークでした。そのあとVGG（16〜19層）、Inception（22層）、Inception-v3（42層）と、いかに深いニューラルネットワークを実現するかという競争がありましたが、ResNetは152層のネットワークを提案し、その方法で1000層のネットワークでも学習できることを示しました。これにより層を深くする競争が終わりました。単純な深さへの追求が終わったことで、逆にある意味、いよいよ本当の深層学習の時代が始まったと言えるかもしれません。

　通常の残差ブロックは入力と出力が同じ形（同じ次元のベクトルやテンソル）をしており、必要に応じていくらでも積み重ねることができます。上の例では残差ブロックが4個入っていますが、そのまま残差ブロックを増やすだけでこれを例えば10個にすることも可能ということです。また、中間層②と中間層③の間に残差ブロックを新しく追加することも可能です。つまり、もともとのネットワークに対して、残差ブロックを追加することで好きなだけ拡張できます。

　現在の生成AIの原動力であるトランスフォーマー（p.212参照）も、残差接続を取り入れています。後述のスケーリング則（p.140参照）により、大規模言語モデルはパラメータを増やすことが強く要求されるのですが、その要求に応えられるのも残差接続の仕組みを持つおかげです。

まとめ

- ニューラルネットワークの学習では過学習や勾配消失・勾配爆発などさまざまな問題が起きる。
- 正則化は学習の問題を解消する技術。ニューラルネットワークにおいてはドロップアウトやバッチ正規化が特に有効。
- ResNetの残差接続により、ニューラルネットワークを好きなだけ拡張できるようになった。

15 コンピュータで数値を扱う方法

コンピュータが扱えるのは有限のデジタルデータですから、無限に可能性がある実数すべてを表すのは不可能です。コンピュータ上でどのように実数が表現されているか、AI技術の発展に合わせて実数表現もどのように変わっているかを解説します。

● 2進数による整数と小数の表現

　コンピュータは計算が得意だと言われますが、実際には電流のON/OFFを1と0に見立てて整数や実数を表現することで計算を行っています。
　まずは基本、**2進数**による整数から始めましょう。2進数は0と1のみで構成され、各桁は順に1, 2, 4, 8, …と2のべき乗が対応します。例えば2進数の"1101"は、対応する各桁の値を足すことで、10進数で13とわかります。

■ 2進数による整数の表現

　この2進数の桁はコンピュータの最小の情報の単位であり、**ビット**と呼ばれます。8ビットをまとめたものを**バイト**と呼びます。コンピュータのメモリなどはバイト単位でアクセスされるため、メモリ量もバイトで表現されます。
　さて、上の変換表を左に伸ばすと、各ビットの値は16, 32, 64と倍々に増えていきます。逆に右に伸ばしていくとどうなるでしょう？　8, 4, 2, 1と半分ずつに減っている続きですから、さらに半分ずつ0.5, 0.25となっていきます。このルールに従えば、それぞれ4ビットの整数部分と小数部分で構成された2進数0101.0011は、10進数で5.1875とわかります。これが2進数による小数の表現です。

■ 2進数による小数の表現

2進数→10進数の変換表

2進数 `0101.0011`

8	4	2	1	0.5	0.25	0.125	0.0625
0	1	0	1	0	0	1	1

10進数
$4 + 1 + 0.125 + 0.0625 = 5.1875$

　2進数でも小数を表現できることがわかりました。しかしこの方法は表現できる値がとても狭く、機械学習やAIなどのコンピュータの応用技術で必要となる大きな実数や小さな実数を同時には表現できません。

浮動小数点数

　コンピュータで直接扱えるのは有限個の0か1だけなので、無限にある実数すべてを表すのは絶対に不可能です。つまりコンピュータの実数表現には、計算で必要な範囲（大きい値と小さい値の両方）の実数を、適切な精度で表現できることが求められます。

　そこで**浮動小数点数**（floating point number）では、すべての数値を 6.022×10^{23} のような形式で表すことから始めます。6.022に当たる部分を**仮数部**、10の指数（肩の数値）を**指数部**と言います。

■ 6.022×10^{23} の仮数部と指数部

仮数部 6.022×10^{23} 指数部

　なお、ここでは説明のわかりやすさのために10進数で表記していますが、コンピュータ上の浮動小数点数は2進数で構成されます。指数部の底（肩の下の数。基数と言います）も10ではなく2を使います。

　この形式の問題点は、同じ数を表すのに複数の方法があることです。例えば 6.022×10^{23} と 60.22×10^{22} と 0.6022×10^{24} は同じ数です。そこで、指数部は整数とし、仮数部の整数部分を0以外の1桁の数値にするというルールを設けます。

このルールで1通りの表現に決定できます[1]。

具体的な数値の例で浮動小数点数による表現がどのようになるか見てみましょう。指数部を負の数にすることで、1より小さい値も表現できます。

■ 浮動小数点数による表現の例

数値	浮動小数点数による表現
3.141	3.141×10^0
0.004	4.000×10^{-3}
1234	1.234×10^3

元の数値と見比べると小数点の位置が動いているので、「小数点が浮動する数」という名前が付けられています。ちなみに、最初に紹介した小数点の位置が動かない表現は固定小数点数と呼ばれます。

● 浮動小数点数の代表的なフォーマット

コンピュータ上の浮動小数点数の表現では、仮数部と指数部にそれぞれ何ビットずつ割り当てるかで、表現できる範囲と精度（有効桁数）、必要なビット数を調整できます。仮数部と指数部のビット数に符号（プラス/マイナス）を指定する1ビットを加えることで全体のビット長が決まります。コンピュータのメモリは基本的に8ビット単位なので、8の倍数か約数になるように調整されることが多いです。

よく使われる浮動小数点数のフォーマット名と、それぞれのフォーマットの指数部・仮数部のビット数と、ダイナミックレンジ（表現可能な値の範囲）と精度を表にしました。指数部が大きいほどダイナミックレンジは大きく、仮数部が大きいほど精度が高くなります。

---

[1] 2進数で0でない1桁の数値は1のみなので、2進数の浮動小数点数では仮数部の整数部分は常に1になります。そこで浮動小数点数のフォーマットでは、仮数部の整数部分は省略してビット数を稼ぐ工夫をしています。

■ 浮動小数点数のフォーマット

フォーマット	指数部	仮数部	ダイナミックレンジ	精度
FP64（float64, double, 倍精度）	11	52	$10^{-308} \sim 10^{308}$	15桁
FP32（float32, float, 単精度）	8	23	$10^{-38} \sim 10^{38}$	7桁
FP16（float16, half, 半精度）	5	10	$10^{-5} \sim 10^{5}$	4桁
BF16（bfloat16）	8	7	$10^{-38} \sim 10^{38}$	3桁

　フォーマット名の数値はビット長です。FP16なら16ビット消費します。

　FP32は最も代表的な浮動小数点数で、単にfloatと言えばFP32を指します。多くのプログラミング言語での実数もFP32です。以前は機械学習やAIでもFP32が使われていました。FP64は精度が必要な科学技術計算や、フィードバックによる誤差の増大を避けたいシミュレーションの分野で用いられます。

　FP16は、もともとグラフィックスの性能向上のためのフォーマットでした。当初はGPUでも計算が遅く、機械学習の精度も低下すると考えられており、あまり使われていませんでした。しかし深層学習の発展によってモデルが大きくなり、省メモリの必要性が高まると、2016年以降からFP16計算が高速なGPUの普及や、精度も大きくは下がらない報告などもあり、現在ではFP16や次のBF16が深層学習計算の標準となっています。

　FP16/32/64はIEEEという国際規格で定められたフォーマットであるのに対し、BF16はもともとGoogle Brain社（現Google DeepMind）がTPU（自社のNPUチップ、p.095参照）で採用した独自フォーマットです（BはBrain）。FP16の指数部と仮数部のビット数は、グラフィックス用途に合わせて決められました。しかし深層学習では計算途中の値が急に大きくなることが頻繁にあり、FP16の狭いダイナミックレンジではすぐに表現可能な範囲を超えてしまいます。そこでFP16と同じ16ビットの浮動小数点数で、指数部のビット数を増やしてダイナミックレンジを確保したのがBF16です。現在ではGoogle TPU以外のハードウェアでもBF16がサポートされています。

　その他にも、もう半分の8ビットにしたFP8も一部の環境でサポートされています。現在は次節で紹介する量子化という手法によってさらにビット数を減らす方向に進んでいます。

● 浮動小数点数の精度とダイナミックレンジ

最初にも言った通り、コンピュータに扱える有限個のビットで無限にある任意の実数を表すことはできません。当然、浮動小数点数も同様です。「浮動小数点数で表せない実数」は誤差が生じたり、アンダーフローやオーバーフロー（ダイナミックレンジを超えて表現できない）エラーになったりします。というと、滅多にないことのように聞こえるかもしれませんが、残念なことに、浮動小数点数で表現できる実数はわずかでしかなく、誤差もオーバーフローも常に付きまとう問題なのです。

例えば、コンピュータは0.1という数値を扱うのがちょっと苦手です。プログラミングをしたことがあれば、0.1なんて普通に扱えることを知っているでしょうから、そんなわけないと反論したくなるでしょう。でも実はそのときの値は「0.1に一番近い浮動小数点数」にしか過ぎません。コンピュータ上の0.1は「ピッタリ0.1」ではないことを、Pythonの簡単なプログラムで確かめてみましょう。

```
print(format(0.1, ".18g"))  # 0.1を小数点以下18桁まで表示
# 実行結果: 0.100000000000000006
```

精度が直感より悪くなるケースも、簡単な計算で再現できます。数学では$1-(1-x)=x$は常に成り立ちますが、浮動小数点数の計算誤差のためコンピュータ上では必ずしも成り立ちません。

```
print(1-(1-0.0001))  # 0.0001が出力されることを期待
# 実行結果: 9.999999999998899e-05  # 0.00009999999999998899という意味
```

これらの数値はコンピュータの内部ではFP32で表現されています。これがFP16だと誤差はさらに大きく、1-(1-0.0001)はなんとゼロになります！[2]

---

[2] Pytorchを使って、x = torch.HalfTensor([0.0001]) のあとに 1-(1-x) を表示すると確かめることができます。

このような違いが生じる理由は、仮数部のビット数に由来します。FP32は仮数部が23ビットあるのに対し、FP16は10ビットと、13ビットも少ないです。仮数部のビット数は数直線上の分布の刻み幅に相当し、13ビット多いFP32はFP16より$2^{13}=8192$倍も細かく刻まれます（下の図は、図の都合で16倍の刻み幅になっています）。そのため、「0.1に一番近い浮動小数点数」がFP32とFP16で異なっているのです[3]。

■ FP32とFP16の精度の違い

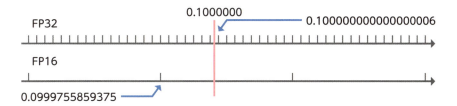

また、機械学習では指数関数expが大活躍しますが、この関数はとてもオーバーフローしやすいです。FP32やBF16ではexp(89)がダイナミックレンジを超えてinf（無限大）というエラーの一種になります。FP16だとわずかexp(12)でもうオーバーフローです。無限大よりはるかにはるかに小さいんですけどね。

まとめ

- 浮動小数点数はコンピュータ上の実数表現。ダイナミックレンジと精度をトレードオフとし、少ないビット数で幅広い実数を表現する。
- 浮動小数点数は複数のフォーマットがあり、用途に応じて使い分ける。深層学習ではFP16やBF16が主に使われる。

---

[3] 1-(1-0.0001)で誤差が生じるのは、指数部も関係してきます。指数部が増えると、図の1目盛りが表す値も増えるため、0.0001より(1-0.0001)のほうが誤差が大きくなります。

Chapter 3 機械学習と深層学習

16 量子化

量子化とは、AIモデルのパラメータを少ないビット数で表現して、低い精度で計算する技術です。低精度と言うと悪いことのように聞こえるでしょうが、メモリ使用量の削減と計算の高速化につながる生成AIの時代には欠かせない技術です。

● モデルサイズとGPUのVRAMの関係

　ニューラルネットワークの節（p.067参照）で解説した通り、深層学習の計算の大部分は次のような形をしています。ここでは説明のためにaやxの個数は4個で済ませていますが、実際には千や万の単位で並びます。

$$y = a_1 x_1 + a_2 x_2 + a_3 x_3 + a_4 x_4$$

　x_1, x_2, x_3, x_4は関数への入力です。1つ前の層の出力を受け取るので、さまざまな値を取る可能性があります。そこでx_1, x_2, x_3, x_4は通常FP32やFP16などの表現力が高い形式が使われます。

　a_1, a_2, a_3, a_4はモデルのパラメータです。これらを求めることが目的である学習ではその値は決まっていませんが、推論のときは学習時に決まった値のまま変化しません。これらももともとはFP32やFP16などで表されていましたが、大規模言語モデルのモデルサイズがあまりにも増えてしまったため、パラメータを表現するのに16ビットでも多すぎるようになってきました。

■ 1年でモデルが100倍以上に巨大化

例えば2019年に発表されたGPT-2は1.5B（15億個）のパラメータを持ち、FP16（1パラメータあたり16ビット）で表現すると3GBになります。一方、その1年後に発表された後継のGPT-3は175B（1750億パラメータ）とGPT-2の100倍以上になりました。これをFP16で表現すると350GBになります。

GPUで高速に計算するには、データをVRAM（GPUのメモリ）にすべて載せる必要があります。VRAMが24GBのGeForce RTX4090（NVIDIAの一般向けの最上位GPU）で考えると、GPT-2は1枚のRTX4090に楽々載りますが、GPT-3はRTX4090が15枚必要です。これはモデルをメモリに載せるだけで必要な量なので、計算に必要な量を加えるとさらに増えてしまいます。なお、ChatGPTに使われるGPT-3.5は倍の355B（3550億パラメータ）といわれています（p.222参照）。

■ GPT-2からGPT-3.5を表すのに必要なメモリ量

	32ビット	16ビット	8ビット	4ビット
GPT-2（1.5B）	6GB	3GB	1.5GB	0.75GB
GPT-3（175B）	700GB	350GB	175GB	87.5GB
GPT-3.5（355B）	1420GB	710GB	355GB	178GB

● 量子化

もし数値を8ビットや4ビットといったより少ないビット数で表すことができれば、その分だけメモリサイズが減って、GPUの数も減らすことができます。そのような技術の1つに**量子化**があります。

先ほどの関数で、具体的に量子化手法について考えてみましょう。このa_1, a_2, a_3, a_4たちは「膨大に多いが、推論時は変化しない」という特徴があるので、それをうまく使います。

$$y = a_1 x_1 + a_2 x_2 + a_3 x_3 + a_4 x_4$$

試しに3ビットで表す方法を考えてみましょう。一番単純な方法は3ビットの整数にしてしまうことです。しかし、モデルのパラメータは0に近い値を取ることが多く、そのまま整数に丸めると、全部0になってしまいかねません。

3ビットの整数で表せる8通りの数をうまく使って、少しでも精度を高めたいところです。

そこで、a_1, a_2, a_3, a_4たちの最小値と最大値の間を7等分し、両端を含む8通りの値で表します。例えば最小値が$m=-0.57$、最大値が$M=0.53$だったときの等分点は次の表のようになります。

■ $m=-0.57$から$M=0.53$までを3ビットで表現

b	0	1	2	3	4	5	6	7
a	-0.57	-0.41	-0.25	-0.10	0.06	0.22	0.38	0.53

a_1が例えば0.20だったら、等分点の中で一番近い0.22に対応する整数5をとって、これをb_1とします。これをa_2, a_3, a_4にも繰り返してb_1, b_2, b_3, b_4を用意します。b_nたちは0から7の整数なので、それぞれ3ビットで表現できます。「量子化」とは、一般にこのような飛び飛びの値（離散値）に対応付ける操作のことを指します。

■ 3ビット量子化

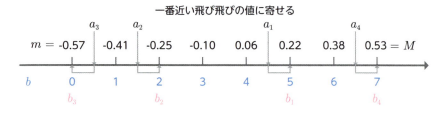

このとき各a_nとb_nには次の関係があります。≈は近似を表す記号です。

$$a_n \approx \frac{M-m}{7} b_n + m$$

これを元の関数の式に代入して整理すると以下のようになり、a_nの代わりに、3ビットのb_nで関数を表現できました！

$$y \approx \frac{M-m}{7}(b_1 x_1 + b_2 x_2 + b_3 x_3 + b_4 x_4) + m(x_1 + x_2 + x_3 + x_4)$$

ここで紹介したのは量子化の最も基本的な考え方です。GPTQ[1]という手法では、離散値との対応付けのルールを検証用のデータに対する精度が良くなるように決めるという工夫が行われています。また正規分布を仮定して精度を向上するNormalFloatという量子化もあります[2]。

　一般的な量子化手法では3ビット以下に量子化すると精度が大きく落ちることが知られています。一部の重要なパラメータは量子化しないAWQ[3]やiMatrix (Importance Matrix)[4]といった手法では、3ビット以下に量子化しても精度があまり下がりません。

　大規模言語モデルのパラメータ数は当面減らないでしょうし、GPUの需要はますます増えて手に入りにくい状態が続きます。スマートフォンや一般的なパソコンでもAIを動かすニーズも高まっていくでしょう。量子化はそうした問題の解決策の1つとしてこれからも積極的に研究されるでしょう。

　大規模言語モデルの利用が広がるにつれ、スマートフォンのような性能も電力も劣る環境での大規模言語モデルの推論の必要性はどんどん高まっていくでしょう。またクラウドのような環境でも、データセンターでの電力消費の増大に伴い、CO_2の排出量や冷却に使用する水などの環境問題も指摘されています（p.282参照）。したがって、GPUやAIチップの消費メモリや消費電力を減らす量子化技術は今後も重要となっていくでしょう。

まとめ

- 大規模言語モデルの巨大化に伴い、GPUのメモリ容量不足が深刻な問題に。
- 量子化は数値を少ないビットで表現することでメモリ使用量を削減する技術。

---

[1] Frantar, Elias, et al. "GPTQ: Accurate Post-Training Quantization for Generative Pre-trained Transformers." arXiv preprint arXiv:2210.17323（2022）．

[2] Dettmers, Tim, et al. "QLoRA: Efficient Finetuning of Quantized LLMs." Advances in Neural Information Processing Systems 36（2024）．

[3] Lin, Ji, et al. "AWQ: Activation-aware Weight Quantization for LLM Compression and Acceleration." arXiv preprint arXiv:2306.00978（2023）．

[4] https://github.com/ggerganov/llama.cpp/pull/4861

17 GPUを使った深層学習

Chapter 3 機械学習と深層学習

深層学習、特に大規模言語モデルの学習や推論にはGPUが欠かせないと言われています。本節では、もともとグラフィックス専用に開発されたGPUがどのようにして深層学習に必要不可欠な存在になったかを見ていきます。

● 計算を速くする方法

「百ます計算」という計算練習方法があります[1]。縦横10マスの左と上に数が書いてあり、交差するところに2つの数を足したり掛けたりした答えを書いていく方法です[2]。

■ 百ます計算

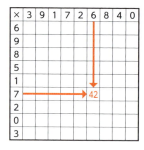

百ます計算（掛け算）
縦と横の交差したマスに
2つの数を掛け算した数を答える

計算を速くするには百ます計算で練習をしましょう、という話ではありません。1回の計算時間は変わらないまま、この表すべてをできるだけ短時間で埋めるにはどうすればいいか、という問題を考えてみましょう。

普通に考えれば100回計算が必要ですが、2人で半分ずつ分担すれば50回の

---

[1] 百ます計算 - Wikipedia　https://ja.wikipedia.org/wiki/百ます計算
[2] ちなみに掛け算の百ます計算は、ベクトルで言えば外積（outer product）、行列で言えば10×1行列と1×10行列の行列積に相当し、LoRA（p.184参照）で用いられる低ランク近似（ランク1）も同じ計算です。

時間で終わります。人数を増やせば時間はどんどん短くできて、100人で1人1マスずつ担当すればなんと1回分の計算時間で終わります[3]。

実はGPUの高速計算はまさにこの方法で実現しています。GPUは大量に持っている演算器という部品を、計算が必要なところに1つずつ割り当てます。そうすることで10×10マスどころか、100×100のマスでも1回分の計算時間で済ませられます。

● GPU vs CPU

あらためて、**GPU**とは "Graphics Processing Unit" の略で、コンピュータのグラフィックスを処理する部品です。3Dゲームなどの高度なグラフィックス処理に必須で、SONY PlayStationやNintendo Switchなどのゲーム機にも搭載されています。通常のパソコンではGPUはCPUと1つのチップに統合されており、OSやビジネスアプリケーションの描画を高速化します。また、動画のエンコード・デコード（圧縮・展開）でもGPUは活躍します。

映像に関係したタスクだけでなく、GPUは計算が高速という特徴があります。以前はコンピュータにおける計算のほぼすべてをCPUで行っていましたが[4]、現在は深層学習やAIの計算は主にGPUで行われています。

GPUの計算が高速だからといって、CPUの役割をすべてGPUに置き換えることはできませんし、今後もCPUがなくなることは考えられません。実は、GPUは特定の条件を満たす計算だけが高速なのです。GPUの得意な計算を明らかにするため、次のような実験をしてみましょう。

- ランダムな数値のリストを用意し、そのリストの値1つ1つの2乗を計算
- CPUとGPUそれぞれで、その計算にかかった実行時間を計測
- リストの大きさをさまざまに変えて、実行時間がどのように推移するかを調べる

---

[3] ただし100人が1枚の紙に書き込む時間は考慮していません。現実のGPUを使った計算でも、バス（計算結果をCPUに渡したりする通信路）がボトルネックになることは往々にしてあります。

[4] かつては計算を専門に行うFPU（Floating Point Unit）をCPU外に設置していた時期もありましたが、現在はその機能はCPU内に組み込まれています。

横軸をリストの大きさ、縦軸を計測した実行時間（マイクロ秒=100万分の1秒単位）をグラフにプロットしました。大きい値での違いをはっきり見せるため、大きい目盛り1つ分が10倍に対応する両対数グラフという形式のグラフで表現しています。

■ CPUとGPUの実行時間のグラフ（横軸はリストのサイズ）

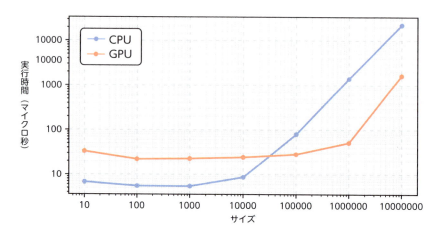

　このグラフから、まずリストのサイズが小さいとGPUよりCPUのほうが速いということが読み取れます。そしてリストのサイズが増えると、CPUは実行時間も順調に増えるのに対し、GPUではサイズがある程度（今回の実験の場合は30万）を超えるまでは実行時間がほとんど変わらないため、途中で逆転してGPUのほうが速くなります。つまりGPUが速いのは、大量データに対する計算だとわかります。

　実は、GPUの1回の計算はCPUより必ずしも速いわけではありません。CPUとGPUは独立して動作するため、データをCPUからGPUに転送する時間や、CPUがGPUの計算終了を待つ必要があるなど、いろいろ面倒もあります。しかし、ひと続きのデータに対して同じ計算をする場合に限って、GPUはその全体を1回分の時間で並列に計算できます。これがGPUの高速計算の正体です。

　CPUとGPUの対比は、10人のプロの穴掘り職人（CPUのコア）と、10万人の学生バイト（GPUの演算器）で大きな穴を掘るスピード対決のイメージです。

学生バイト1人の能力は職人に負けるでしょうが、穴を掘るという単純な作業なら人海戦術が勝ちます。そういう「単純で大規模」な計算はGPUで高速化できます。そしてニューラルネットワークの計算は「大量の単純な計算」でしたね（p.067参照）。深層学習の計算はまさにGPUの得意分野だったわけです。

● GPUの成り立ちと汎用計算

　GPUはなぜ「大量の簡単な計算」が得意になったのでしょう。それはGPUの本来の目的と大いに関係があります。

　GPUが得意とする3Dゲームの実現には、3Dモデルを構成する多角形（ポリゴン）の頂点の位置を計算し、3Dモデルの表面に貼る画像（テクスチャ）をその頂点位置に合わせて変形し、さらに陰影を加えて表示する必要があります。その頂点計算・変形・陰影の処理を行うことをシェーディング（陰影処理の意味）と呼びます。そのシェーディング処理を専用に行うハードウェアが現在のGPUの元祖です。

　2000年前後からGPUは2つの大きな進化をします。最初の進化は、より多くの行列計算を高速に行う進化です。細かく分割された頂点数の多い3Dモデルを表示できれば、ゲームの表現力が向上します。つまり、頂点位置の変換に必要な行列計算を大量かつ高速に行えることが必要でした。

　次の進化は、シェーディング処理をカスタム可能にする進化です。それまでのGPUは特定の描画方式に特化した専用ハードウェアだったので、極端なときにはゲームごとに専用のGPUがある状態でした。そこでシェーディングのロジックをプログラムでカスタマイズできる**プログラマブルシェーダー**を搭載し、1個のGPUでさまざまな描画方式に対応できるようになりました。

　すると一部の研究者や技術者は、GPUの演算性能とプログラミング機能を使って、グラフィックス以外の一般的な計算処理を行う方法を探求し始めます。プログラマブルシェーダーにグラフィックスと関係ない計算をさせるテクニックは**GPGPU**（General-Purpose computing on GPU）と呼ばれました[5]。例

---

[5] 【西川善司のグラフィックスMANIAC】ためになる3Dグラフィックスの歴史(5)。DirectX 11から12へ。GPGPU概念の誕生 - PC Watch
https://pc.watch.impress.co.jp/docs/column/zenji/1486899.html

えば2006年に発表された東京工業大学のTSUBAMEはGPUクラスタで構成されたスーパーコンピュータです。TSUBAMEはアップデートを続けることで、最新の世界のスパコンランキングで上位を維持しています[6]。

　当初はマイナー視されていたGPGPUでしたが、その後NVIDIAのCUDAなどのGPUプログラミング環境が整備され、深層学習の計算で広く使われるようになりました。1つ1つは簡単だけどとにかく膨大な深層学習の計算は、GPUの高速計算能力にこれ以上ないくらい適していました。深層学習は一般にモデルが大きいほど精度が高くなるので、モデルの学習が高速になるほど精度も上がります。いつしか深層学習の計算はGPUの主目的の1つとなり、本来とは異なる用途という意味合いのGPGPUの名前は使われなくなりました。

■ GPU技術の進展

シェーダー	プログラマブルシェーダー	GPGPU	NPU AIアクセラレータ
個別のゲーム	DirectX / OpenGL	CUDA / OpenCL 他	cuDNN / oneDNN 他
・3Dグラフィックス処理のハードウェア化 ・ゲーム個別に専用設計	・シェーダーをプログラムでカスタム ・ドライバーソフトウェアを通じて利用	・プログラマブルシェーダーを科学計算に流用 ・グラフィックス以外の需要拡大	・グラフィックス機能がなく、行列計算に特化 ・さらなる大規模化、低精度化、低電力化

● 深層学習への特化が進むGPUとNPU

　GPUを使った高速計算は、多数の演算器を並行して動かし、大量データを同時計算することで実現しています。例えばNVIDIAのGPUの演算器は**CUDAコア**と呼ばれており、CUDAコアが多いほど同時計算性能が高くなります。NVIDIAの民生用のGPUで2023年現在最上位のGeForce RTX4090ではCUDAコアは16,384個搭載されています。

　このCUDAコアは、もともとの目的であるグラフィックスの処理を効率的に

---

[6] TSUBAMEとは | [GSIC]東京工業大学学術国際情報センター　https://www.gsic.titech.ac.jp/tsubame

行えるように設計されており、深層学習の計算には不要な機能もあります。そこで最近のNVIDIA GPUには、CUDAコアに加えて**Tensorコア**という深層学習のための演算器も搭載されています。Tensorコアは深層学習で多用する行列演算に特化しており、それまで複数のCUDAコアで実現していた行列の掛け算などが、少ないTensorコアで高速に計算できます。また、8ビットの浮動小数点数であるFP8や、4ビットの量子化演算などといった、グラフィックス用途では使わないが深層学習ではよく使われる低精度の演算もサポートされています（p.087参照）。GeForce RTX4090ではTensorコアは512個搭載されています。

　こうして深層学習がGPUの本業になっていくと、「むしろグラフィックス機能は無くていい」という発想も出てきます。最近のGPUはレイトレーシングという光の伝播をシミュレートして、より現実的な映像を生成する技術が搭載されており、ゲーム画面が表現力豊かになっていますが、深層学習には全く関係ありません。ディスプレイを接続するHDMI端子なども不要です。それらを取り除いて、代わりにより多くの演算器やメモリを搭載したほうが深層学習には役立ちます。実際、NVIDIAのサーバ向け最上位GPUはAIへの特化が進んでおり[7]、映像出力端子やグラフィックス機能を持たなくなってきています。

　そうしたグラフィックス機能の無い、AI計算に特化したチップは**NPU**（Neural Processing Unit）と呼ばれ始めています。NPUは、GPUからグラフィックスに関係する機能を完全に除外し、ニューラルネットワークの行列計算に特化したプロセッサの総称です。スマートフォンやIoTデバイスは、カメラやセンサーなどのデータに対するAI処理をリアルタイムに行う必要があるので、グラフィック機能を外して消費電力を抑えたNPUが一足先に普及しています。

　AIによる電力消費の拡大も問題となっているため（p.282参照）、AI推論を行うサーバマシンでも低消費電力性を求めてNPUの採用は広がりつつあります（AWSのInferentiaやIntelのGaudiなど）。ただNPUという名前はスマートフォン用という印象が強いからか、サーバ向けの製品は「AIプロセッサ」や「AIアクセラレータ」などとも呼ばれます。

---

[7] 【笠原一輝のユビキタス情報局】AI特化設計になったNVIDIA Blackwell、並列性を向上する仕組みが強化 - PC Watch　https://pc.watch.impress.co.jp/docs/column/ubiq/1577897.html

■ 代表的なサーバ向けNPU（AIプロセッサ）

メーカー	NPU名
Google	TPU
Amazon	Inferentia, Trainium
Intel	Habana Gaudi
Tenstorrent	Grayskull
Groq	Groq LPU
Preferred Networks	MN-Core

　一般的なパソコンでもNPU搭載の動きが始まっています。まずApple社のMacは、Apple M1チップが搭載された2020年のMacBook Air（通称M1 Mac）からすでにNPU（Appleによる呼び名はNeural Engine）を搭載していました。ただこれはiPhoneやiPadとチップの設計を同じくする目的から搭載されたもので、パソコンとしてNPUが必要とされたからのものではなく、ソフトウェアのサポートはなかなか進んでいませんでした。

　AIを主目的としたNPUの搭載とOSの対応が大きく打ち出されたのは、Microsoftが2024年5月に発表したCopilot+ PCからになります[8]。これはWindows OSのAI機能が十分に動くパソコンのカテゴリで、要件の1つに40TOPS（p.098参照）以上の性能を持つNPUの搭載が求められており、各社が対応製品を予定しています。NPU搭載は今後のパソコンの標準となっていくでしょう。

◯ GPU/NPUのソフトウェアサポート

　AI技術の実装は現在のところNVIDIAのGPUが事実上必須ですが、将来的にはNPUに移行するだろうと思われます。ただ残念ながら供給も含めて課題は多いです。最大の障害はソフトウェアのサポートです。

---

[8]　Copilot+ PCの紹介 - News Center Japan
　　https://news.microsoft.com/ja-jp/2024/05/21/240521-introducing-copilot-pcs/

GPUはNVIDIA以外にもあるのに、「AIにはNVIDIA GPU一択」となる理由は、NVIDIAのGPUプログラミング環境のCUDAと、深層学習用の計算ライブラリcuDNNに匹敵するものが他社GPUにはないためです。AI計算では、TensorflowやPyTorchなどの深層学習用のライブラリから利用でき、スペック通りの性能を発揮できることが求められます。また、その使い方のノウハウがドキュメント化されていることも重要です。早くからGPGPUに取り組んできたNVIDIAは、そうしたソフトウェア環境のエコシステムを確立し、他社の追随を容易には許さない状態を作り上げています。

　特定のCPU/GPUに縛られないマルチプラットフォームに対応したプログラミング環境としてOpenCLなども存在しますが、性能とエコシステムの面でCUDAに及びません。CUDA/cuDNNに対抗する技術としては、IntelのoneAPIとoneDNNがあります[9]。Intelをはじめ、複数の企業がアライアンスを組み、oneAPIを中心としたCUDA対抗の環境を整備しています[10]。これにより、1社の技術にロックインされることを避ける狙いがあります。

　NPUを提供する各社もソフトウェア環境の整備を進めており、2023年以降は特に活発になった印象です。例えばAWSは自社クラウド資源（特に自社開発NPUも含む）を使った大規模言語モデルの開発に資金と技術のサポートを行うプログラムを実施したり[11]、Tenstorrentは自社NPUに大規模言語モデルを対応させる開発に報奨金を支払う企画を行ったり[12]、日本のPreferred Networksは自社開発NPUのアーキテクチャとプログラミングノウハウを共有する勉強会を開催したりしています[13]。

---

[9] Intel® oneAPI Deep Neural Network Library (oneDNN)
https://www.intel.com/content/www/us/en/developer/tools/oneapi/onednn.html#gs.6y1624

[10] AI分野でのNVIDIA一強状態を崩すためにIntel・Google・富士通・Armなどが参加する業界団体がCUDA対抗のAI開発環境を構築中 - GIGAZINE
https://gigazine.net/news/20240326-ai-software-uxl-foundation-break-nvidia/

[11] AWSジャパン、日本の大規模言語モデルの開発を支援する「AWS LLM開発支援プログラム」を開始 | Amazon Web Services ブログ
https://aws.amazon.com/jp/blogs/news/llm-development-support-program-launch/

[12] https://twitter.com/tenstorrent/status/1765447689544602083

[13] MN-Core勉強会 #1 - connpass　https://preferred-networks.connpass.com/event/309119/

計算機の処理性能の表し方と変遷

　コンピュータの処理能力は、1秒間に実行できる浮動小数点数演算の回数を示すFLOPS（フロップス、Floating Point Operations Per Second）や、1秒間に実行できるテラ（1兆＝Trillion）単位の演算回数を示すTOPS（トップス、Tera（またはTrillion）Operations Per Second）で表されます。生成AIでは整数や量子化（p.087参照）も用いるため、主にTOPSで性能を評価します。

　計算性能の変遷を見るため、各時代の代表的なスーパーコンピュータとその処理性能を表にまとめました。ここに挙げたスーパーコンピュータが必ずしもAI研究に使われたわけではありませんが、AI研究の進展と計算性能の対応も感じられるでしょう。

年代	スーパーコンピュータ名	処理性能	備考（AI研究）
1970年代	Cray-1	160MFLOPS	（AI冬の時代）
1980年代	Cray-2	1.9GFLOPS	エキスパートシステム
1990年代	Intel ASCI Red	1TFLOPS	（AI冬の時代）
2000年代	IBM Roadrunner	1PFLOPS	機械学習ブーム
2010年代	Sunway TaihuLight	125PFLOPS	深層学習ブーム
2020年代	富岳	1.42EFLOPS	生成AI

　FLOPSの前に付く文字はそれぞれM（メガ）＝100万、G（ギガ）＝10億、T（テラ）＝1兆、P（ペタ）＝1000兆、E（エクサ）＝100京の意味です。おおよそ10年ごとに処理性能が1000倍になっています。ちなみに手のひらサイズのシングルボードコンピュータRaspberry Piの処理性能は13.5GFLOPSです（4Bモデル）。1万円もしないコンピュータが1980年代の最先端のスーパーコンピュータより速いことに時代の変遷を感じます。

 まとめ

- GPUは大規模な並列計算が得意。深層学習はその条件に当てはまり、現在ではGPUの主目的の1つとなった。
- AI計算に特化したNPUは低消費電力などに優れるが、ソフトウェアサポートの面でNVIDIA GPUに追いついていない。

4章

自然言語処理

コンピュータが言語を扱うのは決して簡単なことではありません。文字を扱う方法から始まり、深層学習のモデルで文章を扱うための適切な分割方法、文章や単語の意味をコンピュータの計算で扱う方法、それらすべてが組み合わさって初めて言語を扱えるようになります。

Chapter 4 自然言語処理

18 自然言語処理

自然言語処理の技術は長い歴史を持ちますが、近年の深層学習の登場により大きく発展しました。ChatGPTに代表される大規模言語モデルの登場は、自然言語処理にどのような影響を与えたのでしょうか。

● 深層学習以前の自然言語処理

自然言語処理（NLP：Natural Language Processing）はコンピュータが言語を理解し処理する技術です。その研究が本格的に始まったのは1950年代でした。1954年にロシア語から英語へのコンピュータによる機械翻訳実験が公開されています[1][2]。翻訳と言っても、限られた単語の置き換えと並べ替えルールで構成されたもので、使用されたIBM 701（IBMの最初の商用コンピュータと言われる）もわずか2048ワード（9KB相当）のメモリしか持たないものでした[3]。とはいえ、こうした自然言語処理の実験が公開されたのは世界で初めてのことで、一般の反響は大きかったようです。

AIも簡単と思われていた時代があったように（p.048参照）、自然言語処理も当初は楽観的でしたが、徐々に難しい問題とわかってきました。一般に難しい問題は分割して解きやすくしますよね。コンピュータに言葉を扱わせるという難しい問題も、目的や用途によって分割するアプローチが取られてきました。

次ページの表は代表的な自然言語処理の**タスク**です。タスクとは、システムに入力として何を与え、出力として何を得たいのかを規定するものです[4]。この表では主にテキストを扱うタスクを取り上げましたが、音声認識や音声合成、OCR（光学文字読み取り）やキャプション（画像見出し）生成なども自然言語処理の研究に含まれます。

---

[1] Dostert, Leon. "Brief history of machine translation research." Research in Machine Translation. 1957.
[2] 田町常夫.「機械翻訳の概要と歴史」情報処理, vol.26, No.10.（1985）
[3] https://ja.wikipedia.org/wiki/IBM_701
[4] 小町守『自然言語処理の教科書』技術評論社（2024）

■ 自然言語処理の代表的なタスク

タスク	説明
機械翻訳	テキストを他の言語に翻訳する。
感情分析	テキストの感情（ネガポジ）を判定する。
テキスト要約	テキストの要点を抽出して短い要約を作成する。
質問応答	質問に対する答えを見つける。
文章生成	新しい文章を生成する。
テキスト分類	テキストを特定のカテゴリに分類する。
情報抽出	テキストから特定の情報を抽出する。
意味解析	単語や文の意味を理解する。
テキストマイニング	大量のテキストデータからパターンやトレンドを抽出する。
対話システム	人間とコンピュータの会話を行う。

　それぞれのタスクでは、専用の訓練データとモデルを構築し、専用の評価方法で精度を測っていました。例えば自然言語処理の花形タスクである機械翻訳では、対訳データセット（同じ内容の文章を2つ以上の言語で記述）を用意し、入力文と出力文の対応を表す翻訳モデルと、出力文のもっともらしさを評価する言語モデルを個別に設計・学習し、翻訳精度の指標であるBLEUを使用するという流れでした。

○ 自然言語処理と深層学習

　2000年代以降に深層学習がブームとなり、自然言語処理でも深層学習を用いた研究が目覚ましい結果を出し始めました。各タスクの評価指標の平均点で人間に追いつき始めたのもこの頃です。

　最初に自然言語処理に強いインパクトを起こした深層学習は、2013年のWord2Vec（p.119参照）という単語をベクトルに変換するものでした[5]。

---

[5] 当時は、Word2Vecは浅いネットワークなので深層学習ではないという論調もありました。

Word2Vecは大量のテキストを学習し、「単語の意味」を数値化します。言語の知識を使わずに、テキストからコンピュータでも扱える意味を取り出した点が画期的でした。

深層学習の利用が進むと、その傾向はより強くなります。以前の自然言語処理では、分割したタスクをそれぞれ解くアプローチが取られていました。例えば、機械翻訳タスクは形態素解析（単語分割）、単語アライメント、言語モデル、翻訳モデル、デコーダーといったサブタスクの集合体でした。

それが深層学習では、元の文を入れたら翻訳文が出てくるという単一のモデル（ニューラルネットワーク）に変わります。タスクやモデルを複数に分割せず、最終目的の入出力データをそのまま使ってモデル全体を一度に学習することを**end-to-end学習**といいます。今まで複数に分割していたタスクを1個のモデルに全部入れますからモデルは大きくなりますが、そうした大きいモデルでも現実的な時間でうまく学習できるのがまさに深層学習の功績でした。

深層学習が自然言語処理にもたらしたもう1つの大きなブレイクスルーが**基盤モデル**です（p.137参照）。汎用的な言語能力を獲得したニューラル言語モデルを基盤として、タスクごとに微調整（ファインチューニング、p.180参照）するアプローチで劇的な精度の向上をもたらしただけでなく、タスクや言語を横断して問題を解くこともできるようになり始めました。この頃から汎用人工知能（p.054参照）という言葉も良く使われるようになってきます。

そして**コンテキスト内学習**（p.188参照）により、大規模言語モデルは複数のタスクに微調整なしで対応可能になりました。Word2Vecからわずか10年でここまで来てしまったというのは、信じられない思いがありますね。

■ 自然言語処理のアプローチの変遷

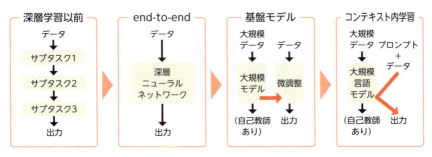

「自然言語処理は終わった」？

　大規模言語モデルはさまざまなタスクを高精度に解く汎用性を持っています。問題によっては専門モデルよりChatGPTのほうが精度が高いこともあり、その分野の研究者にとってはまさに死活問題です。そうした危機感を受けて、ChatGPTが発表された直後の2023年3月に開催された自然言語処理学会の年次大会では「ChatGPTで自然言語処理は終わるのか？」という緊急パネルディスカッションが開催されました[6][7]。

　実際、いくつかの自然言語処理のタスクで研究することがなくなってしまったのは確かでしょう。しかし大規模言語モデルにもトークン長やハルシネーションなど数多くの問題が残っていますし、新しい領域へと自然言語処理の研究は広がっています。言語は人間の思考とコミュニケーションの基本であり、画像や動画、人間の身体や行動などあらゆるものと接点があります。これまではただ言語を扱うだけでも十分歯ごたえがありましたが、今は高い言語能力を持つ大規模言語モデルのおかげで、人間のあらゆる活動が自然言語処理の範疇に入ってきました。終わるどころかむしろ「ChatGPTで自然言語処理が再スタートした」とでも言うべき状況でしょう。

　今後、もしも汎用人工知能が実現した暁には、今度こそ自然言語処理が終わるときが来るのかもしれません。でも、それくらい技術が成熟してきたら、その向こうにまた新しい研究領域が広がっていそうな気もします。

まとめ

- 深層学習の登場で自然言語処理は目覚ましい発展を遂げた。
- ChatGPTなどの大規模言語モデルはタスクの統合と高精度化を実現し、自然言語処理に新たな研究領域をもたらした。

---

[6] 言語処理学会第29回年次大会（NLP2023）緊急パネル：ChatGPTで自然言語処理は終わるのか？ https://www.anlp.jp/nlp2023/#special_panel

[7] 学会はスケジュールみっちりで後から枠を追加することなど通常は不可能ですが、この緊急パネルは昼休みにねじ込まれました。

Chapter 4 自然言語処理

19 文字と文字コード

今のコンピュータは当たり前のようにさまざまな国の文字を扱えますが、本来、コンピュータは数値（ビット）しか扱えません。複数の言語を横断して文字を扱えることを当たり前にしてくれたUnicodeを解説します。

● 文字コード

　コンピュータが直接扱えるのは数値だけですが、文字や記号も個別の数値（ID番号）を割り振ることで扱えるようになります。この文字に対する数値の割り振りルールを**文字コード**（文字エンコーディング）と言います。

　現在はUnicode（UTF-8）が主流で、文字コードを意識する必要はほとんどありません。しかし以前は、各言語ごとに複数種類の文字コードが存在しました。日本語でもShift_JIS、EUC-JP、JISコード（ISO-2022-JP）などがあり、相互運用が本当に本当に面倒でした[1]。現在でもMicrosoft Excelの日本語CSVファイル（カンマ区切りデータ）の標準文字コードがShift_JIS（CP932）であるせいで、思わぬ苦労をさせられた経験のある人もいるでしょう。

■ 文字コードごとにコンピュータ上の表現が異なる

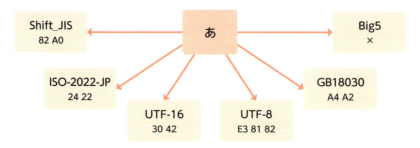

GB18030は中国の標準文字コードです。Big5は台湾の文字コードで「あ」が含まれません。

---

[1] 電子メールのSubjectは日本語をISO-2022-JPというモード切替を持つ面倒な文字コードでエンコードしなければならず、文字化けの温床でした。

Unicode

Unicode(ユニコード)とは、世界中の多様な文字を統一的に表現するための規格で、事実上の世界標準として使われています。Unicodeコンソーシアムがバージョン1.0を1991年に制定して以来、毎年のように新しい文字が追加されており、2023年のUnicode 15.1では149,813文字に達しています[2]。この中には現在は使われていない文字や架空の言語の文字なども含まれています。

■ Unicodeの収録文字数の推移

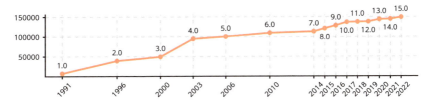

2010年のUnicode 6.0では、日本の携帯電話が発祥の絵文字が文字セットに追加され大きな話題となりました[3]。その後も絵文字は続々と拡充されており、ChatGPTで豊富な絵文字が使えるのもUnicodeにこれらの文字が追加されているおかげです。

■ 絵文字を使ったChatGPTとの会話

> 🟢 **You**
> 桃太郎の物語を絵文字で表現して
>
> 🌀 **ChatGPT**
> 桃太郎の物語を絵文字で表現すると、こんな感じになりますね:
>
> 😊👵🍑👶➡️👦⚔️👕🧚‍♀️🐒🐕➡️🏰🏯👹💥→🐺🙈🙉🚩→🍡👵🐒🐕🐺👦😊🎊

---

[2] https://www.unicode.org/versions/#References
[3] 日本発のケータイ絵文字が世界標準に Unicode 6.0で - ITmedia NEWS
https://www.itmedia.co.jp/news/articles/1010/14/news094.html

Unicodeは正確には文字セット（文字全体の集合）のことで、Unicodeに対応した文字コードにはUTF-8やUTF-16などがあります。ChatGPTを含め、ほとんどのサービスやアプリケーションでUTF-8が使われています[4]。

　UTF-8とは、Unicode文字セットを8ビット（1バイト）単位で表す文字コードです。文字の種類によって1〜4バイトの可変長で対応します。よく使うアルファベットや数字は1バイト、記号付きのアルファベットやアラビア文字、デーヴァナーガリー（インドのヒンディー語の文字）などは2バイト、仮名や漢字、ハングルなどは3バイトで表します。ヒエログリフのような現在使われていない言語の文字や、携帯電話由来の絵文字は最長の4バイトです。

■ 文字コードUTF-8の例

文字	Unicode（コードポイント）	UTF-8
A	U+0041	41
á	U+00E1	C3 A1
あ	U+3042	E3 81 82
🤖	U+1F916	F0 9F A4 96

　Unicodeには、同じ表示文字に複数のコードが対応したり、逆に異なる2つ以上の文字（日本語と中国語の漢字など）に同じコードが割り当てられていたりする問題もありますが[5]、Unicodeにはそれ以上のメリットがあります。

　パソコンなどでマイナーな言語の文字を普通に使えるのは、Unicodeが世界中の文字を収録し、OSやフォントがそれをサポートしているおかげです。各言語ごとに文字コードが異なるままだったら、X（旧Twitter）やInstagramのような、世界中で使われるサービスの実現ははるかに難しかったでしょう。

　ChatGPTが複数の言語を横断して使えるのも、複数言語の学習データで言語モデルを学習したからです。もし言語ごとに文字コードが違えば、数十の言語のテキストを1つのモデルで学習することはほぼ不可能だったでしょう。

---

[4] Microsoft WindowsやJavaScriptは内部でUTF-16が使われています。
[5] 全ての開発者が知っておくべきUnicodeについての最低限の知識 - GIGAZINE
https://gigazine.net/news/20231005-unicode/

IT技術全般やインターネット・AI技術が今のように大きく発展できたのは、Unicodeの大きな貢献があったからこそ、というわけですね。

Unicodeの文字の合成

　Unicodeは世界中の文字を統一的なコード体系に収録するのがミッションですが、文字というのは本当に例外だらけです。例えば何十種類もある「ワタナベ」の「ナベ」のように、「同じ字だけど見た目の違う字」みたいな文字が数多くあります。

　そこで、元の字の後ろに**異体字セレクタ**と呼ばれるU+FE00やU+E0100などの文字（これ自体は表示を持ちません）を置くことで、「同じ字だけど見た目の違う字」を表示する仕組みがあります（対応フォントが必要です）。以下に「邉」の異体字の例を挙げます。間違い探しのようなビミョウな違いを見つけてください。

| 邉 | U+9089 U+E0111 | 邉 | U+9089 U+E0113 | 邉 | U+9089 U+E0114 |

　また絵文字においても、まるで連想ゲームのような文字の合成が、やたらと手厚くサポートされています。2つ以上の絵文字の間にゼロ幅接合子（U+200D）と呼ばれる文字を置くことで、文字の意味が合わさった合成文字にしたり、人間の絵文字について肌や髪の色、職業などを変えたり、親子の組にしたりできます[6]。

 🚀 🐈‍⬛ 🦺 👨‍U+200D👩‍U+200D👧‍U+200D👦

まとめ

- 文字コードはコンピュータ上で文字を表現するための数値（ID）の割り振りルール。
- ChatGPTのような言語を横断したAIシステムが実現したのは、言語によらないUnicodeのおかげ。

---

[6] Recommended Emoji ZWJ Sequences, v15.1
https://www.unicode.org/emoji/charts-15.1/emoji-zwj-sequences.html。

Chapter 4 自然言語処理

20 単語とトークン

コンピュータで文章の意味を理解するには、直感的には単語で分割して扱えばいいように思いますが、そのアプローチにはさまざまな問題があります。本節では、現在の自然言語処理の主流であるトークンでの分割を解説します。

● 文をコンピュータに扱えるように分割する

人間が文を理解する際、脳内ではどのようなプロセスが行われているのでしょうか。普段は無意識ですが、難しい文章を理解しようとすると、文節や単語に分解するプロセスが意識されるでしょう。コンピュータが文を扱う場合も、まず扱える部品への分解から始めます。

以前の自然言語処理では文を文字や単語に分割する方法が主流でしたが、現在は効率や精度、応用性などの観点から、文字と単語の中間の単位（サブワード）で分割するのが一般的です。

■ 文字・単語・サブワードへの分割

このように文を分割する単位は1つに決まっていないため、分割の単位は**トークン**という抽象化した名前で呼ばれます。また分割方法やそのために使うモデルを**トークナイザー**と言います。

◉ 単語や文字による分割

　従来の自然言語処理では単語による分割が一般的でした。英語などの欧米の言語は空白区切りで簡単に単語に分割できますが、日本語ではMeCab[1]やJuman++[2]といった日本語の文章を単語に分割するツールを使う必要がありました。これらのツールは**形態素解析器**[3]と呼ばれ、辞書に基づいて単語分割を行います。

■ 言語による単語分割方法の違い

　単語による分割にはいくつかの問題点があります。そもそも「単語」とは何でしょう？　辞書的な意味で言えば「意味を持った言語の構成単位」です。例えば「野球」は「野」と「球」に分けると明らかに意味が変わってしまうため、これを1つの単語と見なすことに異論はないでしょう。

　しかし「高校野球」はどうでしょう。単に「高校の野球」と見なせば2語に分けられますが、「高校野球」が持つイメージ（甲子園、夏の炎天下、地元の誇り）が失われるから1語であるべきだ、という人もいるでしょう。英語でも、"White House"（一般にアメリカ大統領の官邸を指すが、分解すると「白い」「家」）を考えれば、同様の問題があることがわかります。

　次の問題は、**未知語**（学習時に想定していない単語）への対応です。形態素解析器は辞書に基づく手法なため、辞書に載っていない単語は正しく分割でき

---

[1] MeCab: Yet Another Part-of-Speech and Morphological Analyzer　https://taku910.github.io/mecab/
[2] Juman++ - LANGUAGE MEDIA PROCESSING LAB
　 https://nlp.ist.i.kyoto-u.ac.jp/?JUMAN%2B%2B
[3] 形態素とは言語を構成する単位です。単語とよく似た概念ですが、単語は意味のまとまりとしての言葉の単位であるのに対し、形態素はそれ以上分解すると意味をなくしてしまう単位のことです。

ません。辞書を絶えず更新し続けることで新語に対応するmecab-ipadic-NEologdプロジェクト[4]もありますが、それでも未知語はなくなりません。

　未知語は日本語だけの問題ではありません。コンピュータで単語を扱うには、文字と同様に各単語に固有の数値（ID番号）を割り振ります。しかし未知語にはID番号が無いので、"UNK"（unknown）という特別な単語として扱うのが一般的でした。もちろん元の単語の意味は失われ、精度は落ちます。

　さらに、語彙数（単語の種類数）が多すぎるという問題もあります。MeCabで用いられる辞書IPADICは40万語、先のmecab-ipadic-NEologdはIPADICにさらに530万語を追加します。英単語も同様で、オックスフォード英語辞典では2024年現在で85万の見出し語があり、毎年15000語が追加や更新されています[5]。このように語彙数は膨大で、しかも上限もないため、コンピュータ処理の大きな障害となります。

　加えて、単語分割が言語に依存することも問題です。複数の言語を処理するには、言語判定（テキストが何語かの判別）を行ってから単語分割しなければなりませんが、短いテキストに対する言語判定の精度は決して高いものではありませんでした[6]。

　では、文字を分割の単位とする案はどうでしょう。言語によらない簡単な処理は大きな利点ですが、文字の種類が多すぎることや新たに追加される文字への対応が困難という課題はあります。現在、Unicodeには約15万字があり、バージョンアップのたびに増えています（p.105参照）。また、文字による分割は細かすぎて、当時の自然言語処理の手法では意味を扱うのが難しいという問題もありました。

■ 文字・単語による分割の問題点

- 言語や意味への依存
- 膨大な語彙数
- 未知語

---

[4] neologd/mecab-ipadic-neologd: Neologism dictionary based on the language resources on the Web for mecab-ipadic　https://github.com/neologd/mecab-ipadic-neologd
[5] The OED today　https://www.oed.com/information/about-the-oed/the-oed-today/
[6] 中谷秀洋. "極大部分文字列を使ったtwitter言語判定", 言語処理学会 第18回年次大会（2012）

● サブワード

　深層学習の発展により、1つの言語モデルで複数言語を扱えるくらい精度が上がってくると、従来の言語依存の単語分割は足かせとなってきました。そこで言語に依存しない分割単位として、文字と単語の中間の**サブワード**が使われるようになりました。

　サブワードは単語以下の部分文字列に分割するので、英単語も必ずしも1トークンではありません。"rainbow"が"rain"と"bow"に分かれたり、"ChatGPT"が"Chat"と"G"と"PT"に分かれたりします。

　そのような分割ルールは幾通りも考えられますが、基本的には文書全体を分割したときのトークンの個数と種類数が少なくなるような分割が良いとされています。Byte-Pair Encoding（BPE）やUnigramなどが、そのような分割パターンの決め方として使われる代表的な手法です。

　いずれの方式も、学習データに頻出する表現が少ないトークン数で表現できます。例えばByte-Pair Encodingはもともとデータ圧縮の手法です[7]。したがって、日本語が多いテキストでトークナイザーを学習すると、日本語の文章が効率的に表現され、精度と性能の向上が期待できます。また医療用語やプログラミング言語といった専門用語を多く含む学習データを用いることで、特定ドメインに特化することも可能です。

　サブワード分割は学習テキストの統計的な情報に基づくので、意味や言語に依存せず、複数の言語が混じった文書でも処理できます。

　サブワードは未知語の問題も解決します。任意のUTF-8文字列はバイト列で、1バイトは256通りの値しかないので、その256通りすべてを基本的なトークンとして含んでおけば、どのような文章でもトークン分割できます（バイトフォールバック機能）。

　単語分割では単語の種類数に上限がないことも問題でしたが、サブワードの場合、トークナイザーの学習するときにサブワード数（語彙数）をあらかじめ決めておいた上限に制限することで解決できます。

---

[7]　Gage, Philip（1994）. "A New Algorithm for Data Compression". The C User Journal.
　　http://www.pennelynn.com/Documents/CUJ/HTML/94HTML/19940045.HTM

■ サブワード分割による問題点の解消

　サブワードにはデメリットもあります。言語とタスクを限定した上で、形態素解析によるトークン分割とサブワードを比べると、形態素解析のほうが精度が高い傾向があります[8]。文中の意味の境界を与えられているかどうかで、その後のタスクの難易度が違ってくると考えると順当に思えます。

　サブワード分割は以前からあった手法ですが、言語モデルの精度向上により、メリットがデメリットを上回るようになりました。ChatGPTの登場で、汎用性と複数言語対応が当たり前になったため、今後もサブワードによるトークン分割が主流であり続けるでしょう。

■ 文字・単語・サブワードの特徴

	分割単位	語彙数	語彙の追加	トークン数	多言語対応
文字	Unicode文字	大	Unicodeに文字追加	大	○
単語	人手で作った辞書	膨大	常に大量の新語が発生	小	×
サブワード	データセットから統計的に決まる	制御可能	無し	中	○

---

[8] 藤井巧朗, 柴田幸輝, 山口篤季, and 十河泰弘. "日本語Tokenizerの違いは下流タスク性能に影響を与えるか？" 言語処理学会 第29回年次大会（NLP2023）. 2023.
https://www.anlp.jp/proceedings/annual_meeting/2023/pdf_dir/Q6-1.pdf

ネットミームのトークン

ChatGPTのGPT-4o（p.028参照）が登場した際、そのトークナイザーo200k_base（p.235参照）が「VIPがお送りします」や「風吹けば名無し」などのネットミームを1トークンで表現することが話題になりました[9]。これらは匿名掲示板「5ちゃんねる」に頻出するデフォルトのユーザ名の一部です。そして、サブワード分割は頻出表現が短いトークンになるのでしたね。o200k_baseの語彙には、ほかにもスパム特有の表現なども多く含まれています。

中国語についても同種の表現が多く含まれており[10]、また実はタイ語も "แจกเครดิตฟรี"（無料クレジットをプレゼント）や "เติมเงินไทยฟรี"（無料でタイマネーをチャージ）などのスパマー用語が多く含まれています。これらの表現が1トークンで表されるのは、あまり歓迎できる状態ではありません。

一方、英語のネットスラングの類は "LOL"（laugh out loud、日本語の「（笑）」に相当）などの短い表現に限られ、日本語や中国語のような状況にはなっていません。

その原因は、サブワード分割における「トークンの先頭以外には空白を使わない」という一般的な仕様に由来します。その仕様により、空白で単語を区切る言語では1トークンに複数単語が含まれることはありません。一方、日本語、中国語、タイ語は単語を空白で区切らないため、「VIPがお送りします」のような表現が1トークンとして学習されてしまうわけです。

例えば学習後にトークナイザーの語彙に対して形態素解析を行い、3単語以上になる語彙を除外などすれば軽減できますが、OpenAIは言語依存の処理を行う様子はなさそうに思えます。日本語トークンに「VIPがお送りします」が入ったところで気にしない、と言われているみたいで日本語話者としては少し悔しく感じてしまいますね。

まとめ

- 以前の自然言語処理では文を単語で分割していたが、言語や意味への依存や未知語の問題から、現在はサブワードが主流。
- 複数言語に対応するAIの実現は、言語によらないUnicode文字と、言語によらないサブワード分割のおかげ。

---

[9] https://x.com/shuyo/status/1790224771957084272
[10] GPT-4oの中国語トークンはポルノとスパムに汚染されている - GIGAZINE
https://gigazine.net/news/20240520-gpt-4o-chinese-spam-problem/

Chapter 4 自然言語処理

21 トークナイザー

トークナイザーは、テキストをコンピュータで扱いやすい単位に分割するためのツールです。この節では、トークナイザーの役割や学習方法について解説します。

○ トークナイザーの学習

トークナイザーとは、テキストをコンピュータに扱える単位（トークン）に分割するツールです。分割だけではなく、トークンをID番号に変換したり、逆にトークンIDの列からテキストを復元するのもトークナイザーの役割です。

現在は文字や単語ではなく統計的なサブワード分割が主流であり、どのようなサブワード分割が良いかをテキストから決定するプロセスがトークナイザーの学習です。

トークナイザーを学習するには、必要な言語やドメインに合った十分な量のテキストデータを用意します。次に、このテキストからアルゴリズムに従ってトークンを取り出し、語彙に追加していきます。ここでは、よく使われるByte-Pair Encoding（BPE）アルゴリズムによる学習手順を紹介します。

■ トークナイザーの学習

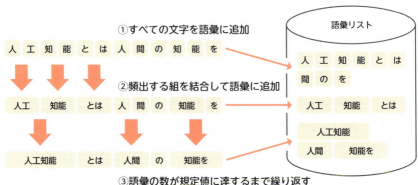

まずは学習テキストを1文字ずつに分解し、それらをすべて語彙リストに登録します。次に、図の「知」と「能」のようにテキストの中で連続する頻度が多い語彙を結合し、新たな語彙として追加します。これを最初に決めた語彙数になるまで繰り返します。他の学習アルゴリズムも手順こそ違いますが、頻出表現を少ないトークン数で表せるようにする点は同じです。

■ トークナイザーの学習モデル

トークナイザー	概要
Byte-Pair Encoding (BPE)	テキストに頻出するサブワードの組をマージして新しいサブワードを作成することを繰り返す。
Unigram	文を生成する確率が大きくなるようにサブワードを追加。
WordPiece	単語の頻度とサブワードの頻度の積が最大になるようにサブワードを選択。

トークナイザーの学習は、最初に与える最大語彙数で制御します[1]。一般に語彙数が多いほど、同じ文章を表すのに必要なトークン数は少なくなります。

語彙数の違いによる影響を見てみましょう。オープンソースのトークナイザーSentencePiece[2]で日本語Wikipediaの本文テキスト全体[3]を語彙数5000と10000のそれぞれに対し学習し、日本国憲法の前文（646字）をトークン分割したときのトークン数と冒頭の分割の様子を表にしました（次ページ）。

日本国憲法とWikipediaの文章は似ていないので、分割の効率的には不利ですが、それでも語彙数を増やすとトークン数が減ることがわかります。分割の様子を見ると、語彙数5000では「国民」や「国会」などが2個のトークンに分かれているのに対し、10000では1個のトークンに結合しています。

---

[1] そのほかに語彙の最大文字数なども指定できます。
[2] SentencePiece: Unsupervised text tokenizer for Neural Network-based text generation. https://github.com/google/sentencepiece
[3] WikiExtractor　https://github.com/attardi/wikiextractor で作成した日本語Wikipediaの本文テキスト全体は約3.7GBになります（2024年現在）。

■ 学習時の語彙数によるトークン数の違い（赤字は結合されたトークン）

語彙数	トークン数	冒頭のトークン分割
5000	539	|日本|国|民|は|、|正|当|に|選挙|された|国|会|における|代表|者|を|通|じて|行|動|し|、|われ|ら|と|われ|ら|の|子|孫|の|ために|、|諸|国|民|との|協|和|による|成|果|と|、|わ|が|国|全|土|……
10000	448	|日本|国民|は|、|正|当|に|選挙|された|国会|における|代表|者|を通じて|行動|し|、|われ|ら|と|われ|ら|の|子孫|のために|、|諸|国民|との|協|和|による|成果|と|、|わ|が|国|全|土|……

● 語彙数とトークン数のトレードオフ

　トークナイザーの語彙数は学習前に設定する必要があります。適切な語彙数を決めることで言語モデルの精度や性能を高めることができますが、実は語彙数は多すぎても少なすぎても問題があります。

■ 語彙数とトークン数のトレードオフ

語彙数	トークン数	デメリット
減らす	増える	・精度と速度が低下する ・扱える文章長が短くなる
増やす	減る	・モデルが大きくなる ・学習データを増やす必要がある

　直感的には、語彙数は多ければ多いほど良さそうに思えます。語彙を増やすことで、テキストを表すトークン数が少なくなり、言語モデルが扱えるトークン数の上限内で多くの情報を扱えるでしょう。また、先の例のように「国」と「民」に分かれているよりも、「国民」で1トークンのほうが精度が高そうです。

　それらのメリットは確かにありますが、しかし語彙を増やすとそれに応じて学習データも増やさなければ、モデルの学習が不十分となり、かえって精度が下がる可能性があります。

　例えば、「高校野球」という文字列について考えてみましょう。「高校」と「野球」という2つのトークンに分割するより、「高校野球」で1トークンとしたほうがおそらく効率的でしょう。その一方で、「高校」「野球」それぞれと「高校野球」

では、テキスト中の登場頻度に大きな差があります。

日本語Wikipediaの記事本文において、「高校」「野球」の出現頻度はそれぞれ140,126回、133,806回ですが、「高校野球」の出現頻度はわずか398回です。これは言語でよく見られる現象で、フレーズを構成する単語数が増えると、組み合わせ数は指数関数的に増え、その出現頻度は減少します[4]。次の表にいくつかの言葉について同様に頻度を示します。

■ 日本語Wikipediaにおける出現頻度

A	B	Aの頻度	Bの頻度	A+Bの頻度
高校	野球	140126	133806	398
仮想	通貨	9171	15006	150
ビット	コイン	25888	8549	87
人工	知能	24053	6991	693
気候	変動	29740	15543	242

言語モデルを学習するとき、ある語彙について学習できるのは、その語彙を含むテキストを入力したときだけです。つまり日本語Wikipediaの記事で学習すると、「高校」「野球」は13万回以上学習できますが、「高校野球」は400回程度しか学習できません。深層学習はパラメータを少しずつ何度も調整することで行われるため（p.071参照）、学習回数が少ないと精度に影響します。

したがって、語彙数を増やしてモデルを学習するには、長い語彙でも十分な頻度があるように学習データを増やす必要があります。これも大規模言語モデルが大量の学習データを必要とする大きな理由の1つです。

> **まとめ**
>
> ▶ トークナイザーはテキストをトークンに分割するツール。
> ▶ トークナイザーの学習には大量のテキストデータが必要。

---

[4] これをn-gramのスパース性と言います。

Chapter 4 自然言語処理

22 Word2Vec

Word2Vecは、単語の意味を数値ベクトルで表現する手法です。大量のテキストデータから効果的に学習でき、単語同士の類似性を計算で扱うことが可能となりました。

◉「概念」を扱う方法

　神経科学（脳の科学）では、人間の脳が「意味」をどのように扱っているかについてさまざまな仮説があります。その1つの**おばあさん細胞仮説**は、自分のおばあさんを見ると、おばあさんを表現する神経細胞（ニューロン）が発火（神経の反応）することで、対象がおばあさんであると脳が認知するという仮説です[1]。おばあさんだけでなく、さまざまな物や概念にもそれぞれ個別に神経細胞が割り当てられており、それぞれが発火することで人間の脳はその人や概念を見たり聞いたりしたことがわかるというものです。

　おばあさん細胞仮説はわかりやすいですが、いくつか問題点があります。初めて見る人や概念に発火する神経細胞があるのか。友人・知人やテレビで見るような有名人などすべての個人に対応する神経細胞があるのか。メガネを掛けたり髪を染めたりしたおばあさんは別の神経細胞になるのか。そうした問題点を考えると、あまり現実的ではない仮説に思えます。

　それに対し**分散表現**という仮説もあります。例えばリンゴに対して「赤い」や「丸い」などの神経細胞が発火し、「青い」や「四角い」が発火しないといった複数の神経細胞の発火パターンによって概念を認識するという仮説です。分散表現では上に書いたおばあさん細胞仮説の問題点は解消されています。また発火パターン同士が似ているかどうかで概念の近さを表現できるメリットもあります。

---

[1] 岡田真人. "大脳皮質視覚野の情報表現を眺める." 統計数理（2001）第49巻 第1号 9–21.

■ おばあさん細胞仮説と分散表現仮説

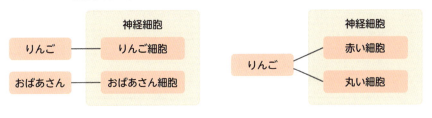

　実世界の対象や概念や意味などを、コンピュータにも扱えるシンボル（記号）にどのように対応付けるかという問題を、人工知能や記号論の分野では**シンボルグラウンディング**（**記号接地問題**）と言います[2]。自然言語処理では文字や単語、フレーズなどがシンボルに相当します。他にも標識のような画像や、ジングルのような音、匂いや身振りなども広い意味でシンボルと考えられます。

● Word2Vecによる単語のベクトル表現

　言葉の意味を扱う方法は自然言語処理のメインテーマの1つであり、さまざまな方法が提案されてきました。その1つにコンピュータが扱える巨大な辞書（単語のデータベース）を人手で構築するアプローチがあります。そうした機械可読な辞書の中で最も有名なものが**WordNet**です[3]。2024年現在、WordNetには15万を超える単語と約20万の意味が登録されています[4]。

　辞書を使わない方法として、言語を数値化するアプローチも数多くあります。その中の1つである**トピックモデル**は、言語や文章には隠れた構造があって、その構造から単語が生成されるという考え方に基づく機械学習的な手法です。隠れマルコフモデルやLDA（潜在ディリクレ配分法）などのモデルがあって、深層学習以前の主流の1つでした。

　そんな中、2013年に**Word2Vec**が登場します[5]。Word2Vecは単語を一定の

---

[2] RAG（p.255参照）の分野にも「グラウンディング」という用語がありますが、こちらは情報源と生成内容を関連付けることを指します。

[3] https://wordnet.princeton.edu/

[4] https://wordnet.princeton.edu/documentation/wnstats7wn

[5] Mikolov, Tomas, et al. "Efficient estimation of word representations in vector space." arXiv preprint arXiv:1301.3781（2013）.

大きさのベクトル（300次元など）に変換するモデルで、似た意味の単語同士が似ているベクトル（コサイン類似度が大きいベクトル）に変換されるように学習します。それにより、単語の意味を計算で扱えるようになりました。

■ Word2Vecによる単語分布図

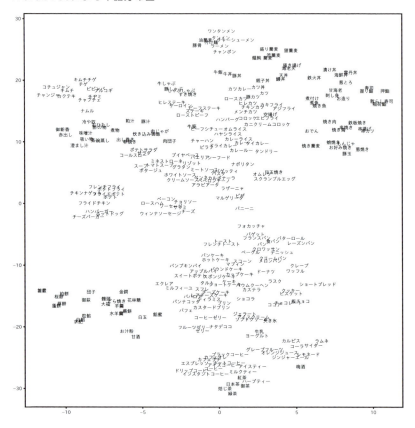

上の図は、学習済みWord2Vecモデル chiVe[6] から食べ物に関する単語を280語選び、300次元ベクトルを2次元にマッピングしたものです[7]。

---

[6] 真鍋陽俊, 岡照晃, 海川祥毅, 髙岡一馬, 内田佳孝, 浅原正幸. 複数粒度の分割結果に基づく日本語単語分散表現. 言語処理学会第25回年次大会, 2019. https://github.com/WorksApplications/chiVe

[7] SVD（特異値分解）で150次元に減らしたあと、t-SNEで2次元にマッピング、重なっていて読めなかった単語をいくつかずらしています。

左上に韓国料理、洋食、和食といった料理のジャンルのグループがあり、左下には和菓子と洋菓子、そしてその下には飲み物とおおまかに分類されています。細かく見ていくと、ハンバーガーとホットドッグ、チキンナゲットとフライドポテトが近くにいたり、コーヒーと紅茶の仲間たちがそれぞれ固まっていたりと、似ている食べ物は近くに配置されていることが読み取れます。

　人間が言葉の意味を教えたわけではなく、大量のテキストを学習した単語ベクトルからこのような図が得られます。

● Word2Vecが意味を獲得する仕組み

　Word2Vecはどのようにして単語の意味を的確に獲得しているのでしょう。発想の根本は「近い意味の単語は同じような言葉と一緒に使われる」というものです[8]。以下の例文を見てください。

- 朝食に**紅茶**を好んで飲む
- 朝食に**コーヒー**を好んで飲む

　これらは「紅茶」が「コーヒー」に入れ替わっただけで、どちらも文章として自然です。「紅茶」も「コーヒー」も同じようなシチュエーションで飲まれる嗜好品の飲み物ですから、言葉の使われ方も似てきます。しかし、「紅茶」と「コーヒー」も常に同じ使われ方をするわけではありません。「ブラックコーヒー」や「紅茶にレモンをいれる」は入れ替えられません。

　Word2Vecはこうした単語の性質をモデリングし、似ている文脈で使われる回数が多い単語は近いベクトルになるように学習することで、意味をベクトルで表現することに成功しました。

　Word2Vecのベクトルは、神経科学の用語を使って**分散表現**と呼ばれました。ベクトルの値をニューロンの発火の度合いと見立てると、発火のパターンが似ていることとベクトルが似ていることが対応します。

　このようにWord2Vecが獲得するベクトルは意味の近さを計算で扱えるようになりましたが、それ以外にも**加法構成性**と呼ばれる性質も持つことが知られています。これは意味を足し算や引き算ができるという性質です。

---

[8] 分布仮説と呼ばれます。Firth, J. R. (1957). Studies in Linguistic Analysis

■ Word2Vecの加法構成性と、「パリーフランス＋日本」の類似単語

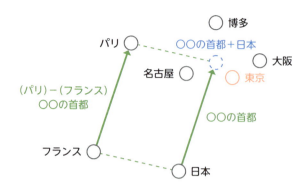

　上の図は「パリ」「フランス」そして「日本」のベクトルの終点を模式的に描いたものです。ベクトルの性質から、「パリ」のベクトルから「フランス」のベクトルを引き算すると、「フランス」から「パリ」までのベクトルになります（図の緑色の矢印）。これを「日本」に足したベクトル（青い点）の終点と似ている単語ベクトルを、類似度順に並べたものが上図の右の表です。

　この計算を形式的に考えてみると、「パリ」＝「フランスの首都」から「フランス」を引くと「○○○の首都」となります。これに「日本」を足すと「日本の首都」を表すベクトルになる、と解釈できます。この形式的な解釈通り、「パリーフランス＋日本」のベクトルに似ている単語を探すと「東京」（日本の首都）が上位にあります。意味の足し算・引き算ができました！

　この性質は「女王（女性の君主）－女性＋男性」と「王様」や、「Windows（MicrosoftのOS）－Microsoft＋Google」と「Android」など、多くの組み合わせで成立することが確認されています。大量のテキストから学習したベクトルと簡単な計算で「意味」を扱えることを示したWord2Vecは、自然言語処理における深層学習の幕開けを告げるのにふさわしいものでした[9]。

---

[9] 当時の自然言語処理は深層学習の利用にまだ否定的な意見も多く、Word2Vecは1層のニューラルネットワークであり深層学習ではないから深層学習の有効性が示せたわけではないという言説もありました。

ランダムな高次元ベクトルはほぼ直交する

唐突ですが、ランダムな2つのベクトルのコサイン類似度の分布を見てみましょう。順に2次元、3次元、4次元、急に飛んで300次元の分布です。

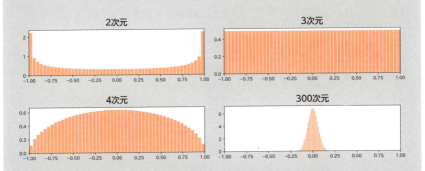

2次元空間では、コサイン類似度が1/2以上になる確率は1/3です。3次元空間では1/4、そして次元が増えるにつれてその確率はどんどん減少します。300次元空間では、コサイン類似度が0.2を超える確率はほぼ0になります。300次元の世界では、適当に取った2つのベクトルはほぼ直交しているのです！

人間は2次元や3次元までしか直接的には知覚できないため、その感覚を高次元にも当てはめてしまいがちです。このような低次元の直感が高次元では全く通用しないことを**次元の呪い**と言います。高次元球の体積は表面に集中することなどが代表的な次元の呪いですが、コサイン類似度も気をつけるべきであることがわかりますね。

まとめ

- 単語をベクトルに変換する Word2Vec の登場で、「意味」の関連性を計算で扱えるようになった。
- 深層学習が自然言語処理に効果的に応用される最初の事例となった。

Chapter 4 自然言語処理

23 埋め込みベクトル

Word2Vecは単語の意味を表現するベクトルが得られるモデルでしたが、文の分割の単位が単語からトークン（サブワード）に変わったように、それを表現するベクトルも役割が変わり、「埋め込みベクトル」として抽象化されました。

● トークンのベクトルは「意味」を表さない

　一般的なニューラル言語モデルでは、入力テキストをトークンに分割し（p.108参照）、トークンごとに固有のID番号を振ります。そしてトークンIDに対応するベクトルをニューラルネットワークに入力します。このベクトルはトークンの意味を表している、というWord2Vecと同じ説明をされがちですが、実はそうではありません。

■ テキストをベクトル列にしてニューラルネットワークに入力する

　以下は、GPT-3.5などのニューラル言語モデルで実現されているChatGPTにおいて、2つの文字列「単語」と「食卓」のトークン分割を示した図です[1]。両方に同じトークンID=11239が登場していることに注目してください。

---

[1] GPT-3.5/GPT-4で使われるトークナイザーcl100k_baseの結果です（p.235参照）。

■「単語」「食卓」をトークンに分割（赤字がID=11239）

文字	単			語		
UTF-8	E5	8D	98	E8	AA	9E
トークンID	11239		246	45918		252

文字	食			卓		
UTF-8	E9	A3	9F	E5	8D	93
トークンID	72406		253	11239		241

　これは、文字「単」「卓」をUTF-8でエンコードしたときのバイト列がそれぞれ "E5 8D 98" と "E5 8D 93" となり、トークンID=11239が共通する "E5 8D" の2バイトに対応しているためです。サブワードによるトークン分割では、テキストを文字単位より小さいバイト単位の部分列で区切るため（p.111参照）、こうした「文字の一部」のようなトークンも存在します。

　上で説明した通り、このトークンIDごとに対応するベクトルに変換してニューラル言語モデルに入力されます。Word2Vecでは単語に対応するベクトルは単語の「意味」を表していましたが、トークンID=11239に対応するベクトルはそのトークンの「意味」を表しているでしょうか？　「卓」と「単」に共通する意味を表すとは考えにくいですよね。実は「千」「半」「卒」「協」など、ほかにも多くの文字からトークンID=11239が現れます。

　つまりニューラル言語モデルにおいて、トークンに対応するベクトルが表現しているのは単純な「意味」ではないことがわかります。

　「意味」でなければ何か、という素朴な疑問に短く答えるのは難しいのですが、あえて一言で言えば「役割」でしょう。つまり、モデルの計算式に入力するとタスクが解ける「役割」を果たすベクトルです。例えばトークンのベクトルは、ニューラル言語モデルのタスクである「単語や文の意味を理解し、流暢な文を生成する」を実現します。単一のトークンでは意味を表さなくとも、トークンIDが72406, 253, 11239, 241の順番で並んでいると、それらのベクトルをトランスフォーマー（p.212参照）に入力して計算すると「食卓」の意味で扱われる、そういうベクトルになっているということです。

◯ 埋め込みベクトル

トークンのベクトルが「意味」を表現しないなら、神経科学に由来する「分散表現」という名前は使えません。そこで**埋め込みベクトル**（Embedding Vector）という抽象的な名前が使われます。この名前は、数学で「埋め込み」と呼ばれる、データ全体をその構造を保ったまま別の空間の中にマッピングする操作に由来します[2]。特に深層学習における埋め込みベクトルは、高次元データを低次元のベクトル空間にマッピングすることを指します。

この「埋め込み」という概念について具体的に説明しましょう。まず、100×100ピクセルのすべての画像を考えます。各ピクセルの色はRGB（赤、緑、青）の3色の強さで指定できるので、1枚の画像は100×100×3=30000次元のベクトルで表せます。そこにはランダムなノイズ画像なども含まれているので、そういう役に立たない画像は除いて、意味のある画像だけを考えます。

■ 空間への埋め込み

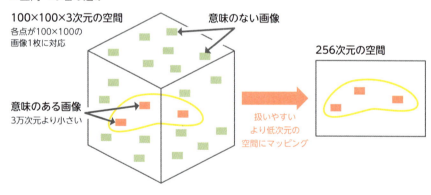

図は30000次元の空間の中に「意味のある画像全体」（図の黄色で囲まれた部分）が含まれている模式図です。各「意味のある画像」の近くには似た「意味のある画像」が多くあるなどの部分的な構造を持っています。このような「構造を持った部分」が30000次元という大きな空間の中に入っていることを「埋め込み」と言います。

---

[2] 数学では、「埋め込み」は部分多様体への単射として定義されます。

この「意味のある画像全体」は、30000次元の空間全体よりもはるかに小さいです。なぜなら30000次元の空間からランダムに取った点（画像）は、ほぼ100%の確率でランダム画像だからです。そこで、「意味のある画像全体」をもっと小さな空間、例えば256次元の空間にマッピングすると扱いやすくなります。これも「埋め込み」となり、深層学習の埋め込みベクトルはこの低次元の空間（大元の30000次元より小さい）の点を指します。

　埋め込みベクトルの構造はそれぞれの埋め込みベクトルごとに変わります。例えばトークンの埋め込みベクトルは、「ニューラル言語モデルでうまく計算できる」という構造になり、Word2Vecの分散表現は「近い意味の単語が、近いベクトル同士になる」という構造になります。

さまざまな埋め込みベクトル

　単語やトークンだけでなく、文章や画像や音声など、人間が見聞きするあらゆるデータに対しても埋め込みベクトル表現が考えられます。例えば文章に対して、「意味が似ている文章が、近いベクトル同士になる」という埋め込みをモデル化すると、文章の類似度をベクトルの計算で求められます。OpenAIのEmbedding API（p.246参照）がその例です[3]。

　画像も同様に埋め込みベクトルに変換できます[4]。同じベクトル空間に埋め込めば、元が文章でも画像でも区別せずに計算できます。それを利用して、文章と画像の間で類似度を計算できるCLIPというモデルがあります[5]。

---

[3] 文章の埋め込みベクトル化にはSentence-BERTなどのモデルを用いるのが一般的です。GPTのような自己回帰型言語モデルは、各トークンに対応する隠れ層のベクトルが、そのトークン以降の文の情報を知らないので、埋め込みベクトルを生成するには適していません。Reimers, Nils, and Iryna Gurevych. "Sentence-BERT: Sentence Embeddings using Siamese BERT-Networks." arXiv preprint arXiv:1908.10084（2019）．

[4] 画像のベクトル化は、AutoencodersやVision Transformerなど、さまざまな手法があります。Hinton, Geoffrey E., and Ruslan R. Salakhutdinov. "Reducing the Dimensionality of Data with Neural Networks." science 313.5786（2006）: 504-507. Dosovitskiy, Alexey, et al. "An Image is Worth 16x16 Words: Transformers for Image Recognition at Scale." arXiv preprint arXiv:2010.11929（2020）．

[5] Radford, Alec, et al. "Learning transferable visual models from natural language supervision." International conference on machine learning. PMLR, 2021.

■ ベクトル空間へのマルチモーダルな埋め込み

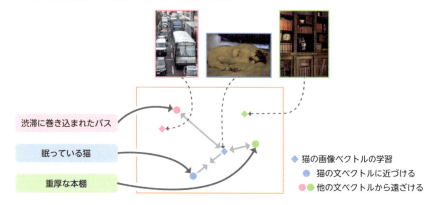

　CLIPの学習は、画像とキャプション（画像を説明する文章）の組に対して、正解の画像とキャプションのベクトルは近づくように、それ以外の組は遠ざかるように学習します。CLIPモデルを用いると、画像を自然文で検索するシステムを簡単に作成できます[6]。

　また、ニューラル言語モデルにトークンの代わりに、CLIPでベクトル化した画像を入力すると、画像を入力できる言語モデルができあがります[7]。ChatGPTなどの画像入力も同種の手法で実現されていると考えられます。モデルが文章や画像、音声などの複数のメディアを扱えることを**マルチモーダル**と言います。

> **まとめ**
>
> ▸ 多様なデータをベクトル空間にマッピングする埋め込みベクトルは「役割」を表現。
> ▸ 言語だけでなくマルチモーダルデータの処理に応用される。

[6] CLIPを使った画像検索(VRC-LT #15) - 木曜不足,
https://shuyo.hatenablog.com/entry/2022/11/28/180059

[7] Zhu, Deyao, et al. "MiniGPT-4: Enhancing Vision-Language Understanding with Advanced Large Language Models." arXiv preprint arXiv:2304.10592 (2023).

# 5章

大規模言語モデル

現代のAI技術の中でも特に注目されている大規模言語モデルは、膨大なデータから学習し、人間の普通の言語能力を模倣するまでに進化しました。これらのモデルがどのようにして人間と似た言語理解を実現し、どのように文章を生成しているかを紹介します。こうした技術的背景を知ることは、AIの未来を思い描く助けになるでしょう。

Chapter 5　大規模言語モデル

24　言語モデル

ChatGPTの背後にある大規模言語モデルを理解するには、まず「言語モデル」について知る必要があります。そして言語モデルを理解するには、その前に「モデル」とは何かを理解する必要があります。

● モデルとは

　モデル（日本語で「模型」）とは、本物そのものではないですが、ある一面では役に立つニセモノのことです。例えば「人体模型」は、名前の通り人間の体のモデルです。もちろん見間違う心配がないくらい本物と似ていませんが、人体の構造がどうなっているか、臓器がどのような形をしているのかを把握するには人体模型はとても役立ちます。

　高校の物理で物体の運動を習うとき、物体は力を加えても変形しないとか、物体の質量は重心に集まっているなどと言いますが、現実にはそんな物体は存在しません。しかしそのように仮定することで、物体の運動を高校生にもわかる数式で記述できます。これも役に立つニセモノ、つまりモデルですね。

　「サイコロを投げて1の目が出る確率は1/6」と言うとき、起きるのは「1の目が出る」から「6の目が出る」の6通りの出来事だけで、それらはすべて同じ確率で起きることが前提となっています。しかし実は製造時の偏りで6の目が出やすいことが1000万回くらい投げたらわかるかもしれません。そもそも、本当に6通りの出来事しか起きないのでしょうか。投げたサイコロがタンスの後ろに転がってしまって取れなくなったとか、10億回投げたら1回だけサイコロの角で立った、みたいな想定外が絶対に起きないとは言い切れません。しかしそんな細かい話は全部置いといて、確率を1/6と定義すればいろんな役に立つ計算ができます。確率もまたモデルだったのです。

　多少役に立とうが所詮ニセモノ、と思う人もいるでしょう。しかし本物の人間の体で、肝臓や腎臓を手にとって形や大きさを直接確かめることは難しいです。物体の変形まで考慮すると、高校の物理の問題を解くのにスーパーコン

ピューターが必要になります。モデルとは、特定の条件のもとではむしろ本物よりも便利で有用なニセモノなのです。

■ モデルの例（人体模型、サイコロ、物体の運動）

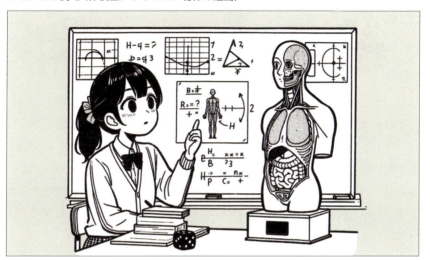

◯ 言語モデルとは

言語モデルとは、その名前の通り言語のモデルです。つまり、言語に関して何か役に立つニセモノであるはずです。

実は言語モデルとは特別なものではなく、実は言葉を話すすべての人の中にあります。それを実感してもらうために次の3つの例文を見てください。

1. **太郎はしぶしぶくしゃみをした。**
2. **太郎はしぶしぶスキップをした。**
3. **太郎はしぶしぶ宿題をした。**

■ しぶしぶするのはどれ？

　これを見て、「『しぶしぶ』とは嫌々する様子のことであり、反射的に出てしまうくしゃみや、通常喜んでいるときに行うスキップには当てはまらないから、1と2は変な文章である。一方、宿題はいかにも嫌々行うものであり、3は正しい」と理屈っぽく考えてもいいですが、でもほとんどの人は理由を考えるまでもなく見た瞬間に「1と2はなんか変、3はフツー」などと感じたのではないでしょうか。

　これこそがあなたの頭の中の言語モデルの働きです。つまり言語モデルとは、言葉を見たり聞いたりしたときに「日本語っぽいな～」「日本語っぽくないな～」という感覚を与えてくれるものです。文章を読んで「何かおかしいけど、どこがおかしいかわからない」と感じたことはありませんか？　もちろん日本語だけではなく、英語やフランス語も同様です。

　自分の中に「日本語かどうか」を判定するモデル（ニセモノ）がいるというのは気持ち悪く感じるかもしれません。しかし言語を正しく理屈まで戻して考えると、判断に時間がかかったり、判断できないという状態に陥ることもあるでしょう。言語モデルはそういった本物の理屈をすっ飛ばして「日本語っぽさ」を高速に判定できます。ニセモノだからこそ役に立つのがモデルでしたよね。

　この言語モデルをコンピュータ上で実現したいところですが、「なんとなく変」というのはコンピュータには難しいです。そこでコンピュータによる日本語モデルは日本語らしさ（あるいは英語らしさやフランス語らしさ）を数値化します。上の例文なら以下のように数値化され、3が一番もっともらしいと判断する、というイメージです。

1. 太郎はしぶしぶくしゃみをした。　→ 0.2
2. 太郎はしぶしぶスキップをした。　→ 0.1
3. 太郎はしぶしぶ宿題をした。　　→ 0.7

　このような言語のもっともらしさを数値化できると、いろいろな応用が可能です。言語モデルを使って文生成をする方法はp.144で解説していますので、ここではかな漢字変換に言語モデルが役立つ例を紹介しましょう。かな漢字変換はコンピュータやスマートフォンで読みがなを入力して漢字に変換する機能で、日本語を入力するとき誰でもお世話になります。

　例えば「きょうはいいてんきです」をかな漢字変換するとき、漢字の読みだけ考えれば「京はい移転きで酢」や「教派いい天姫です」などの間違った変換も候補に挙がる可能性はあります。そうした変換候補に対し言語モデルを使ってもっともらしさを評価することで、コンピュータは「今日はいい天気です」という正解を選べます[1]。

まとめ

- モデルとは、本物ではないが、ある一面では役に立つニセモノ。
- 言語モデルとは、言語らしさを高速に判定するモデル。

---

[1] 厳密にはベイズの定理を用いる方法などがあります。工藤拓, et al. "統計的かな漢字変換システム Mozc." 言語処理学会第 17 回年次大会発表論文集 (2011): 948-951.

25 大規模言語モデル

大規模言語モデルは、非常に大量のデータから学習した言語モデルです。その鍵となるのは「人間の普通の言語能力」です。

● 大規模言語モデルと「普通の言語能力」

前節で述べたように、言語モデルは「言語らしさ」を数値化するものです。コンピュータでそれを実現するには、文章を入力して数値を出力する仕組みが必要です。この仕組みをニューラルネットワーク（深層学習）で実装したものが、ニューラル言語モデルです。中でも特に重要なものが**大規模言語モデル**（LLM: Large Language Model）と呼ばれる一群のニューラル言語モデルです。

■ ニューラル言語モデル

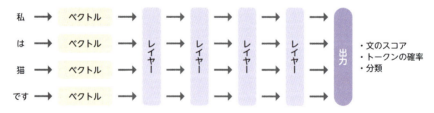

「大規模言語モデル」という名前の明確な起源は定かではありません。日本語では「大規模」と訳されますが、元の英語はLarge Language Models（大きい言語モデル）というシンプルな表現です。つまり、「（今までより）大きい」と普通に呼んでいた言葉が、いつのまにかAIの最先端を表現するようになったのです。おもしろいですよね。

大規模言語モデルの最大の特徴は、「人間の普通の言語能力」を持つことです。と聞くと、大したことなさそうに聞こえるかもしれません。なんたって「普通」ですからね。

例えば次の文章を見てください。

> 千葉と群馬の県境近くのキャンプ場で一晩過ごした。

　これはごく普通の文章に見えます。「日本語らしさ」にも問題ありません。しかし、実は千葉県と群馬県は隣接していないと聞けば、誰でもこの文章はおかしいとわかります。千葉と群馬の間に県境なんかないわけですからね。

　いやいや、ちょっと待ってください。「千葉県と群馬県は隣接していない」から「この文章はおかしい」と判断するまでには、実際にはいくつかの段階があります。コンピュータにこの判断をさせるには、何らかの形で知識を表現し、その知識を使って論理計算する体系を作り、と結構大変なことになります。しかし、多くの人はこの過程を意識せず、文章のおかしさに気づくでしょう。これが「人間の普通の言語能力」です。

　AIの研究者が、人間のさまざまな知的活動の再現にチャレンジしていく中で、再現の難易度に一定の傾向があることに気づきます。人間には難しい複雑な計算や純粋な論理（チェスのプレイなど）はコンピュータには比較的簡単で、子供が当たり前のようにできる歩いたり喋ったりが、AIにはよっぽど難しいという傾向です。こうした人間とAIの難易度の逆転現象はモラベックのパラドックス[1]と呼ばれています。

　「人間の普通の言語能力」はAIにとってはとてつもなく難しいことで、大規模言語モデルがそれを持つのはAIの歴史上の大事件だったことがわかってもらえたでしょうか？

まとめ

▶ 大規模言語モデルは「人間の普通の言語能力」を持つ画期的な言語モデル。

---

[1] https://ja.wikipedia.org/wiki/モラベックのパラドックス

Chapter 5　大規模言語モデル

26 ニューラルネットワークの汎用性と基盤モデル

主に1タスク＝1モデルである通常の機械学習と異なり、ニューラルネットワークは特徴抽出など、タスクを横断する汎用的な能力が注目されてきました。そうした性質が基盤モデルの概念につながっています。

● ニューラルネットワークによる特徴抽出

　コンピュータが画像やテキストを理解するのは、実は簡単なことではありません。例えば、画像の1ピクセル（画素）だけを見て、あるいは文章の1文字だけ見て、その内容や意味を理解するのは難しいです。

　そこで、データの中からコンピュータが意味のある処理ができる重要な情報を取り出すことが行われてきました。そのような情報を**特徴**と言います[1]。そして高い精度の実現には、データやタスクに合わせて特徴の抽出方法を設計する必要がありました。同じ画像でも、一般的な写真の分類に適した特徴が、レントゲン画像から病気の可能性を予測するのに適しているとは直感的には考えにくいですよね。しかしそれはとても困難でした[2]。

　一方、ニューラルネットワークは基本的には画像やテキストをそのまま入力します。そして例えば画像分類をニューラルネットワークで解く場合、次ページの図のように、手前の層は画像の生データから特徴となるベクトルを抽出し、ネットワークの出口にあるシンプルな分類器に入力していると考えることができます。深層学習の発展により精度が上がってくると、ニューラルネットワークはそのまま優秀な特徴抽出器として、他のタスクに利用されるようになりました。

　また、学習したモデルを他のタスク用に再学習して転用することを**転移学習**と言います。転移学習によって、先ほど直感的には考えにくいと言った「一般

---

[1] または数値化した特徴を指して「特徴量」とも言います。一方、日本の自然言語処理ではこれを「素性（そせい）」と呼びますが、英語ではどちらも "feature" になります。
[2] 優れた特徴抽出器は特許で保護されており、商用利用にはライセンス料が必要でした。

的な写真の分類モデルを、レントゲン画像からの病気予測に適応」みたいな畑違いのタスク横断もうまくいくことが報告されています[3]。

■ニューラルネットワークによる特徴抽出と転移学習

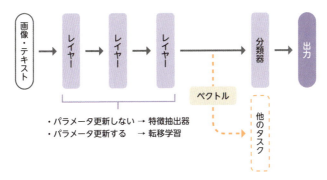

◯ 基盤モデル

　従来の機械学習は、タスク専用モデルをタスク専用データセットで学習するのが一般的でした。例えば自然言語処理の機械翻訳タスクでは、対訳コーパスと呼ばれる機械翻訳用のデータセット（例：英語とフランス語の同じ内容の文章の組）で、機械翻訳用のモデルを学習しました。文書分類タスクでは、文書分類用のデータセット（例：映画のレビューの文章と、内容が肯定的か否定的かを表すラベル）で、同じく文書分類用のモデルを学習しました。

　一方、前項で紹介した特徴抽出や転移学習のように、ニューラルネットワークにはタスクを横断して汎用的に問題に適応できる能力があることがわかってきました。それをさらに進めた考え方が**基盤モデル**です。基盤モデルは転移学習を前提とした汎用モデルであり、大規模なデータセットで汎用的なモデルを学習し、それをタスクごとにチューニングします。基盤モデルのアプローチは、BERT（p.218参照）によって一気に普及しました。

---

[3] Kim, Hee E., et al. "Transfer learning for medical image classification: a literature review." BMC medical imaging 22.1 (2022): 69.

■ 基盤モデル（BERT以前とBERT以後）

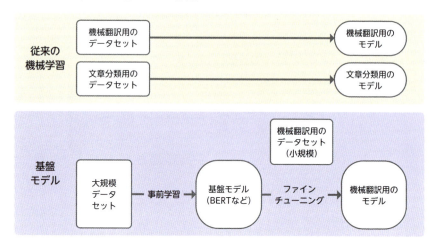

　基盤モデルにおいて、第1段階の大規模な学習を**事前学習**（p.174参照）、第2段階の学習を**ファインチューニング**（日本語では「微調整」と訳されます。p.180参照）と呼びます。

○ 基盤モデルで精度が上がる仕組み

　基盤モデルによって精度が上がる仕組みを具体的に説明しましょう。感情分析（またはネガポジ判定）は、文章が肯定的（ポジティブ）か、否定的（ネガティブ）かを判定するタスクです。SNSのつぶやきや商品レビューに感情分析を行い、マーケティングなどに応用します。

　IMDbは感情分析タスクのデータセットで、映画のユーザーレビューサイトから集めた映画のレビュー文とポジティブ・ネガティブのラベルで構成され、25000件ずつの学習データとテストデータからなります[4]。通常の機械学習のアプローチでは、25000件の学習データを使って文書分類モデルを学習し、正解ラベルを予測します。IMDbデータセット論文での正解率は約89%でした[5]。

---

[4] https://huggingface.co/datasets/imdb

[5] Maas, Andrew, et al. "Learning word vectors for sentiment analysis." Proceedings of the 49th annual meeting of the association for computational linguistics: Human language technologies. 2011.

ここで機械学習からいったん離れて、人間がその問題を解く場合を考えてみましょう。人間が25000件の学習データを読むのは大変です。レビュー文が褒めているか貶しているかくらい、日本語が普通に読めればわかりますから[6]、そんなデータをわざわざ学ばなくてもいいでしょう。

まさにこの「日本語が読めればわかる」の部分を十分な言語能力を持つ大規模言語モデルにやってもらうことで精度を上げるのが基盤モデル的アプローチになります。大規模言語モデルの導入により、IMDbの正解率は約97％に上昇します[7]。

正しい判断には、日本語の能力だけではなく、ドメイン知識（この場合は映画周辺の知識）も必要です。例えば、「とんでもない傑作！　今年のラジー賞はこれで決まり」という映画レビューは一見褒めているように見えます。しかし映画事情に詳しい人なら「そんなに酷い映画だったのか」という真逆の感想を持つかもしれません。というのも、実は「ラジー賞」とは、映画ファンが選ぶ最低映画を表彰するゴールデンラズベリー賞（アカデミー賞のパロディ）のことで[8]、それくらい酷かったという皮肉なのです。

基盤モデルのファインチューニングは、そうしたタスクやデータに固有の知識や判断基準を与えて、問題に対する精度の向上を目的としています。

まとめ

- ニューラルネットワークの汎用性の高さは、特徴抽出や転移学習に応用された。
- 基盤モデルによって精度の劇的な向上を実現した。

---

[6] 説明のために日本語と言っていますが、IMDbデータセットは英語です。
[7] Yang, Zhilin, et al. "XLNet: Generalized Autoregressive Pretraining for Language Understanding." Advances in Neural Information Processing Systems 32 (2019). 1つのレビューに褒める内容と批判する内容の両方が書いてあったり、中立の立場で書かれていたりもするので、正解率100％は難しいです。
[8] https://ja.wikipedia.org/wiki/ゴールデンラズベリー賞

Chapter 5 大規模言語モデル

27 スケーリング則と創発性

大規模言語モデルの発展には、スケーリング則と創発性という重要な概念が大きく関わっています。これらの概念により大規模言語モデルが大規模になっていった過程を紹介します。

● スケーリング則と創発性

　大規模言語モデルがなぜ「人間の普通の言語能力」を持つのかはまだ研究中でわかっていないことのほうが多いのですが、どういうモデルが「人間の普通の言語能力」を持つのかという法則性はいくつかわかっています。

　深層学習ではモデルの規模が大きくなるほど精度は高くなりますが、どこかで頭打ちになるというのが従来の認識であり、言語モデルについても同様だろうと長らく考えられてきました。しかし、大規模言語モデルに関しては、モデルを大きくしながらデータを増やし学習時間も長くすることで、精度が頭打ちにならずに上がり続ける**スケーリング則**（Scaling Laws）と呼ばれる性質があることがわかりました[1]。

■ スケーリング則

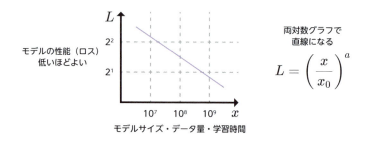

[1] J. Kaplan et al. "Scaling Laws for Neural Language Models." ArXiv, abs/2001.08361（2020）.

スケーリング則は、モデルサイズと学習データ量と学習時間（計算リソースの消費量）から言語モデルの性能（テストデータに対するロス）を見積もれる式です。それまでは高コストな学習を行っても、見合った精度が得られる保証がないと考えられてきましたが、スケーリング則によって投資に対するリターンがある程度見積もれるようになりました。OpenAIはGPT-3を460万ドル（推定）かけて学習し（p.281参照）、スケーリング則を実証しました。

スケーリング則はその後も研究され、さらなる改良が行われています[2]。

また、モデルサイズと学習データ量を大きくしていくと、あるところで性能が劇的に上がり、翻訳や要約などの指示に従うマルチタスク性を獲得するという仮説があります。こちらは**創発性**（Emergence Ability）[3]と呼ばれます。

創発とは、複数の性質が合わさったときにそれぞれの性質の足し算だけでは説明できない性質が現れることです。単なる文字が集まって複雑な構造と意味を持つ言語を形作ることや、雪の結晶が局所的な水分子の相互作用だけで美しく多様な形をなすことなど、身近な多くの事例にも当てはまる性質です。

ChatGPTが自然言語の指示通りに多彩なタスクをこなすのも、この創発性による効果だと考えられています。AIがこれほど賢くなった最大の要因はモデルの大きさであるというのは、本当に不思議ですよね。

スケーリング則や創発性が現在のAIの発展を見事に描き出す一方、これらの法則が正しいとすれば、大規模なデータと高性能なコンピュータを持つビッグテック以外には賢い大規模言語モデルを作れないことになります。また、より賢いAIを作るには学習と推論のコストをさらに上げるしかなく、ビッグテックと言えどもどこかで限界が来ます。

そのため、小さな賢いモデルを実現する方法も研究されています[4]。例えばMicrosoftのPhiシリーズは小さな3Bクラスのモデルから用意されており、Copilot+ PC準拠のパソコンで実行することで画面やユーザの入力といったプライバシー情報を安全に扱うことを想定しています（p.096参照）。

---

[2] Hoffmann, Jordan, et al. "Training Compute-Optimal Large Language Models." arXiv preprint arXiv:2203.15556（2022）.Ethan Caballero et al. "Broken Neural Scaling Laws." ArXiv, abs/2210.14891（2022）.

[3] Wei, Jason, et al. "Emergent abilities of large language models." arXiv preprint arXiv:2206.07682（2022）.

[4] Gunasekar, Suriya, et al. "Textbooks Are All You Need." arXiv preprint arXiv:2306.11644（2023）.

● 大規模言語モデルのパラメータ数

ここで、ニューラル言語モデルのパラメータ数がどのような変遷を経てきたのか振り返ってみましょう。

■ 言語モデルのサイズ変遷

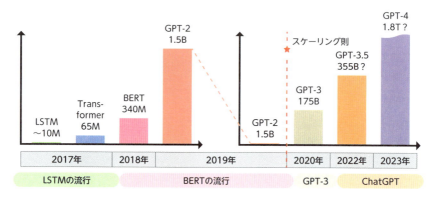

図は、代表的なニューラル言語モデルのサイズをプロットしたものです。65Mや1.5Bなどはモデルのパラメータ数を表しており、アルファベットはM（100万）、B（10億）、T（1兆）を意味します。図から年に10倍くらいのペースでパラメータ数が増えていることがわかります。

1番目のLSTM[5]はRNN（回帰型ニューラルネットワーク、p.193参照）の1つで、最初に大成功したニューラル言語モデルです。2014年頃からBERTの登場までは自然言語処理の研究のほとんどがLSTMを使っているのでは、というくらい流行していました。

2番目のTransformer（p.212参照）は、初登場時はLSTMに対抗して提案された機械翻訳用の言語モデルであり、モデルサイズも当時の基準で大きめではあったものの、後に大規模言語モデルの発展を支えるアーキテクチャとなるとはおそらく誰も予想していなかったでしょう。

---

[5] Hochreiter, Sepp, and Jürgen Schmidhuber. "Long Short-Term Memory." Neural computation 9.8 (1997): 1735-1780.

2018年のBERT（p.218参照）は、大規模な事前学習とタスクごとの微調整という基盤モデルの特徴を備えており、最初の大規模言語モデルと呼べるでしょう。LSTMに代わって自然言語処理の研究を席巻し、GPUが完全に必須となったのもBERTが契機でした。

　GPT-2[6]のパラメータ数は1.5B（15億）と、10億パラメータを超えました。グラフでも急激な増加傾向がわかります。しかしこれはほんの序の口でした。

　その翌年に前述のスケーリング則（p.141参照）が発表、さらにGPT-3（p.222参照）は、超巨大だったGPT-2の100倍以上のパラメータ数で、創発性（p.141参照）と呼ばれる高度な汎用性を獲得しました。その次バージョンのGPT-3.5でChatGPTが実現されたことはご存知の通りです。

　こうして見ると、大規模言語モデルがいかに「超大規模」か、そしてスケーリング則と創発性が言語モデルの大規模化の方向性を強く定めていることを実感できるでしょう。といってもこれらの法則を最初から知っていたわけはなく、「超大規模な言語モデル」を作って初めて見出せたものです。

　つまり最初は、「巨大で高価なゴミ」になるかもしれない中、460万ドル（p.281参照）とも言われる莫大なコストをかけて「超大規模な言語モデル」を学習したわけです。それを実行したOpenAIには頭が下がります。実は大規模言語モデルの学習は不安定で、ノウハウが蓄積しつつある現在でも失敗しやすく、何度か繰り返し実施します。成果が約束されていない状態で100万ドル単位の学習を繰り返す……本当によくできたものだなあと思います。

まとめ

- 言語モデルの大規模化が精度と汎用性を向上させることを、スケーリング則および創発性と呼ぶ。
- わずか5年で言語モデルのパラメータ数は1000倍以上に。

---

[6] Better language models and their implications
https://openai.com/research/better-language-models

Chapter 5 大規模言語モデル

28 言語モデルによるテキスト生成の仕組み

ChatGPTを実現しているのは大規模言語モデルによるテキスト生成です。本節では、言語モデルがどのように単語を選び、テキストを生成しているかを詳しく説明します。

● 言語モデルによるテキスト生成

　言語モデルによるテキスト生成では、文の後に続く単語を以下の手順で決めます。ここではわかりやすさのため「単語」で説明しますが、実際の大規模言語モデルでは単語を一般化したトークンを用います（p.108参照）。

　例えば"私はネコを"という文の続きを生成したいとき、候補となるあらゆる単語を"私はネコを"の後ろに配置した文それぞれのスコア（もっともらしさ、p.132参照）を言語モデルで計算します。その中で一番スコアの高い単語を"私はネコを"の後に続く単語として選びます。

■ 言語モデルによる文の続きの単語予測

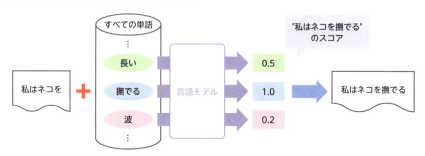

　例えば図の中で一番スコアが高い単語を選ぶと"私はネコを撫でる"になります。この新しい文に対しても、同じように単語を追加して、文のスコアを計算して、最大スコアの単語を文に追加することを繰り返します。そして特別な単語"EOS"（End of Sentence）が選ばれたときに文の生成を終了します。

● 自己回帰言語モデル

前項の文生成の原理では、単語ごとに文のスコアを計算するため、単語が10万種類あると10万回計算する必要があります。そこで、文生成が得意な言語モデルでは、入力文のスコアではなく、与えられた文の後ろに続く単語のスコア表を計算します。

■ 文生成が得意な言語モデル

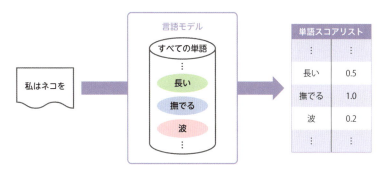

これで1回の計算で次の単語を決められ、効率が大きく改善されます。しかし課題はまだ残っています。選んだ次の単語を文の末尾に追加して繰り返すことで文を生成するので、文を構成する単語の数だけ言語モデルの計算を繰り返す必要があります。文が長くなると言語モデルの計算時間も増えるので大変です。

そこで、言語モデルの内部構造を前回までの計算を再利用できる形にします。このようなタイプの言語モデルは**自己回帰言語モデル**（Autoregressive Language Model）または**因果言語モデル**（Causal Language Model）と呼ばれます。

自己回帰言語モデルは、"私はネコを"までの計算の後、"撫でる"を追加して再度計算するとき、前の計算をやり直さなくていい文生成に適した構造になっています。後で紹介するRNN（p.193参照）やGPT（p.222参照）など、多くの自己回帰言語モデルがあります。

しかしすべての言語モデルが自己回帰型というわけではありません。例えばBERT（p.218参照）や双方向RNN（p.194参照）は自己回帰型ではなく、この方法で文生成するには、単語を追加するたびに文全体を計算し直す必要がありま

す。文生成が苦手な代わりに、単語の穴埋め問題のように後ろの文脈を見ながら回答するタスクや、埋め込みベクトルの生成のような文章全体を均等に見る必要があるタスクでは、BERTのようなモデルのほうが適しています。

■ 自己回帰言語モデルの構造の例

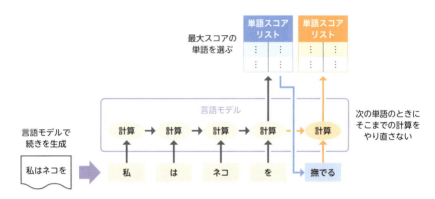

● 貪欲法

　単語スコア表からスコア最大の単語を選んで文を生成するように、その都度の最良な選択肢を常に選び続ける方法を**貪欲法**（greedy）と言います。「貪欲」なんて欲深くて失敗しそうな印象のある名前ですが、実際に貪欲法にはいくつか問題があります。

　言語モデルの計算（推論）には通常ランダム性がないため、貪欲法では常に1種類の文しか作れません。物語を作成したいときに、何度実行しても1種類の文章しか生成できないのは困るでしょう。

　また先の例で、"私はネコを長い"は、"私はネコを撫でる"よりスコアが低いため選ばれませんでした。ということは、"私はネコを長い間飼っています"という文は生成されません。これは「常にスコア最大の単語」が必ずしも最良ではないことを意味します。このような一時的にスコアが低くなる文章もうまく作れるようにするため、さまざまな戦略がとられています。

SiriとChatGPTは何が違う？

　Apple社のSiriや、Amazon社のAlexa、Google AssistantなどChatGPT以前からあった音声アシスタントでも、お願いしたことを実行してくれる機能があります。例えば電話をかけたり、天気を教えてもらったり、Web検索したり、翻訳したりできます。「ジョークを言って」と頼むと冗談を言ったりもします。それらとChatGPTは何が違うのでしょうか？

　これらの音声アシスタントは、あらかじめ想定したタスクごとにエンジンを用意し、音声入力されたテキストをそれらのエンジンに割り振ることで動作しています。そのため、想定外のタスクには対応できません。また、エンジンの追加や廃止によって、対応可能なタスクが増減することがあります[1]。

　一方のChatGPTは、外部機能と連携することはありますが、基本的なエンジンは大規模言語モデルだけです。大規模言語モデルはすべての入力に対して文を生成しているだけで、エンジンが切り替わることはありません。逆に1つのエンジンですべてに対応しているからこそ、開発者も想定しないような幅広い汎用性を実現できています。

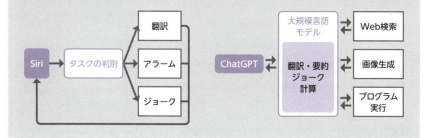

まとめ

- 言語モデルは単語ごとのスコアを計算し、次の単語を選択する。
- 自己回帰言語モデルは計算を効率化し、文生成に適している。

---

[1] Googleアシスタント、機能大幅減少へ。既存の17機能が停止 | ギズモード・ジャパン
　　https://www.gizmodo.jp/2024/01/google-assistant-lose-ton-features.html

Chapter 5 大規模言語モデル

29 テキスト生成の戦略

ランダムサンプリングやビームサーチなどの手法がどのように多様でより望ましいテキスト生成を実現しているか、そしてテキスト生成AIを学ぶ際に登場する「温度」というキーワードについても解説します。

◉ ランダムサンプリングとソフトマックス関数

　スコア最大を選ぶ貪欲法が必ずしも正解でないなら、ランダムに選んでしまおうというシンプルなアプローチが**ランダムサンプリング**です。それには、熱統計力学のモデルを使って単語のスコアを確率に変換します。

　熱統計力学では、箱の中の気体を構成する分子はさまざまなエネルギー（速度）を持ちながら飛び回り、壁や他の分子にぶつかってエネルギーを増減するというモデルを考えます。基本的にエネルギーが高いとよくぶつかって低いエネルギーに遷移しやすく、エネルギーが低い状態には安定してとどまりやすいです。また、気体に熱を与えると温度が上がり、分子の動きが活発になって、不安定な高エネルギー状態を取りやすくなります。

■ 熱統計力学におけるエネルギー準位と確率の関係

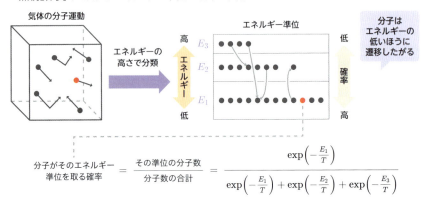

言語モデルのランダムサンプリングでは、各単語のスコアを負のエネルギーと見なし、分子がそのエネルギー準位に属する確率を単語の確率とします。これにより、スコアが高い単語（低いエネルギー準位）が選ばれやすい確率分布が得られます。単語の確率分布は、ルーレットをイメージすると良いでしょう。スコアが高い単語はルーレットの幅が広いセクションに相当し、その単語が選ばれる可能性が高くなります。

　スコア（エネルギー）から確率を導くには、各エネルギー準位（高さ）を取る分子の個数の平均値を与えるボルツマン分布を用います。この方法で確率を求めると、単語 w_1, w_2, w_3 のスコアがそれぞれ s_1, s_2, s_3 であるとき、単語 w_1 が選ばれる確率は以下のようになります。

$$\text{単語}w_1\text{の確率} = \frac{\exp\left(\frac{s_1}{T}\right)}{\exp\left(\frac{s_1}{T}\right) + \exp\left(\frac{s_2}{T}\right) + \exp\left(\frac{s_3}{T}\right)}$$

　この形の関数を**ソフトマックス関数**と言います。このソフトマックス関数には、気体の温度に相当するパラメータがあって、そのまま**温度**（temperature）と呼ばれます。大規模言語モデルを学ぶと出てくる「温度」という場違いな言葉の正体がこれです。温度のパラメータはTで表され、基本的に $T=1.0$ の周りの正の値を取ります[1]。

◯「温度」の働き

　ソフトマックス関数における温度の働きを実感するために、温度 T を変えたときに単語の確率がどのように変化するかを見てみましょう。以下の図は、5つの単語 apple, banana, cherry, durian, eggfruit がそれぞれ適当なスコアを持っているときに、温度 $T=0.5, 1.0, 3.0$ のときの確率がどのように変わるかを示したグラフです。

---

[1] ソフトマックス関数にはTでの割り算があるため $T=0$ には本来できませんが、Tを0に限りなく近づけると、1単語のみが確率1で、残りは全部0という分布に近づきます。これは常にスコア最大の単語を選択するのと同じ意味になります。Hugging Face Transformersライブラリは $T=0$ を許しませんが、OpenAI APIは $T=0$ のとき「常にスコア最大」という挙動になります。

■ 温度 $T=0.5, 1.0, 3.0$ のときの単語の確率

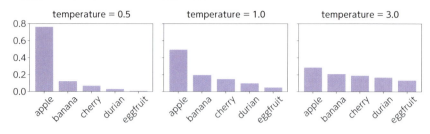

ソフトマックス関数でTを大きくすると、確率が均等に近づきます（右図）。これは温度が上昇して、高いエネルギー順位（低スコアな単語）も選ばれやすくなるためです[2]。一方、Tを小さくすると、トップスコアの単語の確率だけが上がり、残りは低くなります（左図）。これは温度が下がったことで分子の動きが鈍くなり、安定した低エネルギー順位（高スコアな単語）から動かなくなった状態に相当します。また、温度を変えても単語の確率の樹には変わらないことも重要なポイントです。

実際に生成されるテキストが温度によってどのように変わるかについては、OpenAI APIで実験した結果をp.239にて紹介しています。

◯ 単語生成の樹形図

ChatGPTのエンジンであるGPT-3.5にて、実際に単語の生成確率がどのように与えられているかを見てみましょう。OpenAI APIのCompletion API（p.230参照）で文生成を行う際にlogprobs（対数確率）パラメータを指定することで、temperature（温度）が1.0のときの単語の生成確率（の対数）を上位5個まで取得できます[3]。

このAPIを使って単語の生成確率を繰り返し取得し、"Artificial intelligence is"（AIは〜）から始まる単語候補とその確率を樹形図にまとめました。この樹形図では、続く可能性がある単語は、確率を記したラベル付き矢印で示されます。

---

[2] Tを無限大にすると、全単語が同じ確率（一様分布）になります。

[3] temperatureによって確率は変動しますが、logprobsが返す確率値はtemperature=1.0のときの値になります。

■ "Artificial intelligence is" に続く単語の樹形図

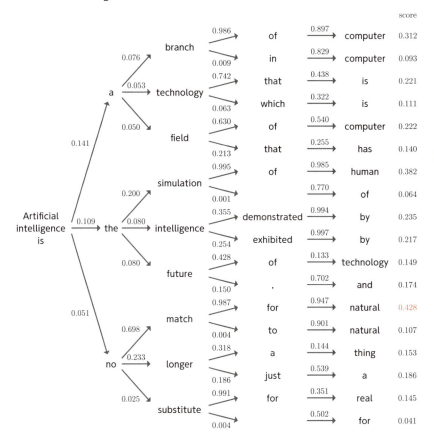

　それぞれの文が生成される確率は、選ばれた単語の確率を掛け合わせた値になります。例えば樹形図の一部を切り出した次ページの図を見てください。"Artificial intelligence is" から始まって、"the intelligence demonstrated by" とたどっていく枝の経路の確率は 0.109, 0.080, 0.355, 0.994 となっています。つまりこの枝に対応する文 "Artificial intelligence is the intelligence demonstrated by" が生成される確率は、これらの値を掛け合わせた 0.109 × 0.080 × 0.355 × 0.994 = 0.00308 となります。

■ 樹形図の一部

　この確率値が大きい文ほどもっともらしい文と言えますが、0.00308 とはずいぶん小さな値です。確率は 1 以下の値なので、文が長いと確率値は小さくなります。つまり単純に確率が高い文を選ぶと、必ず短い文になります。

　そこで文の生成部分の長さを T とすると、文の確率の T 乗根（T 乗してその値になる値。$T=2$ のときは平方根です）を 1 単語あたりの平均確率と見なすことで、長さに影響されない文のスコアを考えます[4]。上の例では、$(0.109 \times 0.080 \times 0.355 \times 0.994)^{(1/4)} = 0.235$ となり、この値が文のスコアとして枝の端の右側に記されています[5]。

　このスコアを眺めていると、あることに気づきます。それぞれの枝分かれは確率の大きい順に並んでいるので、一番上のルートを通れば常に確率最大の単語を選んだ文になります（貪欲法）。しかし樹形図を見ると、最大スコアは一番上のルートではなく、"Artificial intelligence is no match for natural ～" という文の 0.428 になります[6]。"Artificial intelligence is" の次の単語に確率 1 位（14%）の "a" ではなく、確率 3 位（5%）の "no" を選ばないとスコア最大の文にたどり着けません。

---

[4]　自然言語処理で言語モデルの性能として用いられるパープレキシティ（perplexity）という指標も同種の考え方で算出されます。

[5]　「掛け算の平均」を幾何平均と言います。一般的な足し算の平均は算術平均です。logprobs はその名前の通り確率の対数なので、そのまま算術平均を取れば元の確率の幾何平均の対数に一致します。確率は掛け算すると小さくなってアンダーフローを起こしがちなので、対数値のまま扱うのが便利です。

[6]　この文は "Artificial intelligence is no match for natural stupidity." （人工知能は自然の愚かさにはかなわない）というフレーズの一部です。これはどんなに進歩した技術でも、人間が示す理不尽で予測不能な行動や判断には及ばないという意味で、AI の限界を指摘する出典不明のミームとして使われていたようです。ただ昨今の大規模言語モデルの発展やハルシネーション的な振る舞いを考えると、時代遅れになってしまったように思えます。

● ビームサーチ

「結婚問題」あるいは「秘書問題」と呼ばれる問題があります。例えば10人の候補者と順にお見合いや面接をして、選ぶか断るかをその場で決めなければならない場合に、どうやって決断するかという問題です[7]。現実にも、中古車を買ったり家を借りたりするとき、今決めてもらわないとすぐ売約が入ります、というケースは十分考えられるでしょう。

■ 結婚問題（中古車の場合）

1台目 → お断り	2台目 → お断り	3台目 → お断り	4台目 → 迷い中
○ メーカー	× メーカー	× メーカー	○ メーカー
○ 車種	○ 車種	○ 車種	○ 車種
× 色	○ 色	× 色	× 色
× 価格	× 価格	○ 価格	○ 価格
× 年式	○ 年式	○ 年式	× 年式
× 走行距離	○ 走行距離	× 走行距離	× 走行距離
︙	︙	︙	︙

2台目にしておけばよかった…
この後もっと悪くなったら？

このような悩ましい問題に平均して良い結果を選ぶための方法が結婚問題の本来の解答ですが、ルールは置いておいて、良いと思った人や車をキープしておいて、もう少し後まで見てから決定できたほうが絶対にいいですよね。文生成にも候補をキープして決定を遅らせる**ビームサーチ**という手法があります。

ビームサーチでは、複数の候補をキープしつつ、もう少し先読みしてから単語の決定を行います。先ほどの樹形図でビームサーチの手順を説明しましょう。

まず、ビームサーチでは候補をキープする個数をあらかじめ定めておきます。ここでは3個とします。これをビームサーチの幅といいます。

最初の単語の選択では、確率が高いものから順に3つをビームサーチのキープリストに入れます。"a", "the", "no"がキープリストに入りました。

次に、現在キープリストに入っている文それぞれについて次の単語を見て、その中でスコア（2単語の確率を掛け算し平方根を取ったもの）が高い文3つをビームサーチのキープリストに入れます。

---

[7] https://ja.wikipedia.org/wiki/秘書問題

キープリスト（2単語）	スコア
no match	0.189
the simulation	0.148
no longer	0.109

　3単語目では"no match"、"the simulation"、"no longer"の枝の先から同じようにスコアの高いもの3つを選んでキープリストに入れます。その次も同様です。最終的に幅3のビームサーチを行ったときのキープリストには以下の文が残りました。

キープリスト（4単語）	スコア
no match for natural	0.428
the simulation of human	0.382
no longer a thing	0.153

　最終的に、キープリストの中で最もスコアの高い"no match for natural"を選べば、無事に全体の中で最もスコアの高い文が出力されます。

　ビームサーチを行うことで最もスコアの高い文を見つけられましたが、いいことばかりではありません。まずビームサーチは単語の確率の計算を何度も行うため実行時間が大幅に増えます。ビームサーチの幅が3なら、単純計算で3倍まで遅くなります。

　またビームサーチは必ずしも最適な解を見つけられるわけではありません。上の例でもスコア3位の"a branch of computer"を見逃しています。幅を広くすれば見つけられる可能性は上がりますが、実行時間が増えます[8]。

　ビームサーチはランダムサンプリングと組み合わせることも可能です。キープリストに入れる文を選ぶ際に、スコアが高いものから選ぶのではなく、そのスコアを確率化し、その確率に応じて選ぶ方法もあります。このようなアプ

---

[8]　ビームサーチの幅を無限大（上限なし）にすると幅優先探索と同等になり、必ず最適な結果（スコア最大の文）を見つけられます。

ローチを取ることでランダムサンプリングの良さ（多様性）とビームサーチの良さ（全体最適）の両方を取り入れられます。

　ビームサーチは大規模言語モデルでとても有効です。ローカルLLMでよく使われるHugging FaceのTransformersライブラリ（p.165参照）にはビームサーチのオプションがあり、それを用いることで生成文の質が目に見えて向上します。一方、OpenAI APIやChatGPTは実装の詳細を公開していませんが、APIの生成時の挙動を見る限りではどうやらビームサーチを採用していないように思われます。ビームサーチは高コストなので採用しなかったのでしょう。

ビームサーチやtop_pは確率分布を歪めている？

　機械学習の目的はデータの分布を再現することです。そして文生成におけるランダムサンプリングは、文全体の分布からのサンプリングに正しく相当することが確率の公式を使って証明できます。ビームサーチを行うと、ランダムサンプリングとは異なる結果になりやすく、つまり文全体の分布を歪めてしまうことになります。これは機械学習の本来の目的に反しているようにも思えます。

　しかし、文の確率は単語の生成確率の掛け算になるため、文が長くなるにつれて、とてつもなく小さな値となります。それは確率最大の文でも同様に小さく、つまりランダムサンプリングで確率最大の文が選ばれる確率もほとんどゼロということです。

　ランダムサンプリングで無数に文を生成するならば、生成された文全体は言語モデルの確率分布をよく表すものになります。しかし通常は1サンプルを生成するだけであり、人間はその1サンプルのみを目にします。ビームサーチは、その1サンプルを「絶対的に小さいが、相対的に大きい確率の文」にするための工夫です。top_pパラメータ（p.240参照）も、同様に「無数にある確率が低い単語」を選ばせない工夫ですね。

まとめ

- ランダムサンプリングは確率に基づいて単語を選ぶ手法。
- ビームサーチは複数の候補を保持し、最適な文を見つける手法。

Chapter 5　大規模言語モデル

30 言語モデルによる AIチャット

大規模言語モデルの主要な機能は文を生成することです。しかしAIは他にもさまざまなことができます。ここではAIチャットがどのように実現されているかを見て、大規模言語モデルの応用方法を紹介します。

● 文生成によるAIチャット

　大規模言語モデルによるAIチャットはどのように作られているのでしょう。例えばAIと以下のような会話を行ったとき、その裏側で大規模言語モデルがどのように使われているかを見てみます。

👤	最近ラーメンにはまってて。
🤖	美味しいおすすめのラーメン屋を知っていますか？
👤	お店の名前忘れたけど、この前食べた塩ラーメン美味しかったな。
🤖	塩ラーメンはシンプルで美味しいですよね。他にも好きなラーメンの種類はありますか？

　最初の「最近ラーメンにはまってて」はユーザーが入力した発言です。これに対する返事をAIに生成させるには、次のようなテキストを大規模言語モデルに渡します。

```
UserとAIの会話文を生成してください。
User: 最近ラーメンにはまってて。
AI:
```

　テキストの最後が "AI:" で終わっているのがポイントです。これを渡された大規模言語モデルは、"AI:" 以降に適当なAIの発言が続くほうがもっともらしいだろうと、次のように生成しました。

```
UserとAIの会話文を生成してください。
User: 最近ラーメンにはまってて
AI: 美味しいおすすめのラーメン屋を知っていますか？
```

　このテキストから "AI:" 以降の生成部分「美味しいおすすめのラーメン屋を知っていますか？」を取り出し、AIの発言としてユーザーに表示します[1]。

　ユーザーはその返事として「お店の名前忘れたけど、この前食べた塩ラーメン美味しかったな」と入力しました。その発言をテキストに追加し、また続きのAIの発言を大規模言語モデルに生成してもらいます。

```
UserとAIの会話文を生成してください。
User: 最近ラーメンにはまってて
AI: 美味しいおすすめのラーメン屋を知っていますか？
User: お店の名前忘れたけど、この前食べた塩ラーメン美味しかったな
AI:
```

　あとはこの繰り返しです。これで文生成だけでチャットが実現できました。会話の流れ全体を1つのテキストとして扱うのがポイントです。

　テキストの最初の1行目はどのような文章を生成したいかを指示するプロンプトです。プロンプトには、AIの振る舞い方の指定もできます。例えば「AIは尊大な料理評論家です」と加えると、AIの発言がそれらしいものになります。

```
UserとAIの会話文を生成してください。AIは尊大な料理評論家です
User: 最近ラーメンにはまってて
AI: ラーメンと言っても、その種類は数知れず。ただ単に「はまっている」という表現では、その情熱の程度が伺い知れない。どの地域のどのようなスタイルのラーメンに魅了されたのか、具体的に述べるべきだ。
（以下略）
```

---

[1] 大規模言語モデルは、次のUserの発言やさらにその次のAIの返事などの余計なところまで生成しがちですが、"User:"をストップワードに指定しておけば、適切なところで生成を停止します。

なぜたった一言書き加えるだけでAIの振る舞いがこんなに変わるのでしょう？　逆に、「尊大な料理評論家」と書き加えても発言が変わらなかった場合を想像してみてください。

```
AIは尊大な料理評論家です
AI：美味しいおすすめのラーメン屋を知っていますか？
```

「尊大な料理評論家」ならこんな発言はしないでしょう。大規模言語モデルはこういうニュアンスや文脈まで含めた「もっともらしい文章」を生成するので、応用力の高いチャットシステムが実現できるのです。ChatGPTにさまざまな指示を行うプロンプトエンジニアリングを紹介しましたが（p.023参照）、そうしたことが可能なのも同じ原理になります。

● 大規模言語モデルによるAIチャットの問題点

上で説明したAIチャットのプロセスでは、大規模言語モデルに渡すテキストにはこれまでのすべての発言を含むため、会話が続くほどどんどん長くなります。そのためいくつかの問題が発生します。

1つ目の問題は効率が悪い点です。大規模言語モデルを実現しているトランスフォーマーは文の長さの2乗の処理時間がかかるため（p.205参照）、会話が長くなるほどAIの各発言の処理時間も長くなります[2]。

2つ目の問題は、会話全体の長さが大規模言語モデルが扱える文章の長さ（トークン数）の上限（p.233参照）に達すると会話が続けられなくなる点です。ChatGPTでは会話の内容を要約や切り捨てることで、トークン数の上限を超えないようにしていると推測されます。そのため、会話が長くなるほど過去の内容を忘れるという現象が発生します[3]。

---

[2] AIチャットのプロセスでは、大規模言語モデルに渡される文章のうち前回の発言までの部分は完全に同じなので、計算結果が変わらない部分を再利用することで高速化が図られています（key-value cache）。

[3] 大規模言語モデルのトークン長が大幅に増えてきたので、今後はこうした忘却は少なくなっていく可能性が高いです。

3つ目の問題は、OpenAI APIのようなクラウドの大規模言語モデルサービスでは処理する文章の長さ（トークン数）に応じて料金が発生するため、会話が長くなるほど1発言の費用が高くなることです。

■ 会話が長くなるほどAIの発言費用が高くなる

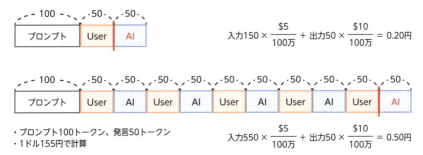

- プロンプト100トークン、発言50トークン
- 1ドル155円で計算

これらの問題はありますが、賢いAIチャットを実現する他の方法は現状ではまだありません。このような文脈を考慮した対話は、従来の自然言語処理では最大の難問の1つでした。大規模言語モデルによるAIチャットは、十分精度の高い言語モデルなら、会話文全体を1つのテキストとし、その続きを生成する単純な方法でその難問が解決できることを示した画期的な方法です。

また、この方法にはメリットもあります。ChatGPTには、会話の途中からやり直す機能（p.020参照）や、過去の会話ログの続きを再開する機能（p.021参照）があります。もし会話の状態を内部で管理する仕組みならこれらの機能の実現は面倒だったでしょうが、この仕組みなら履歴を編集するだけで実現できます。

まとめ

- 大規模言語モデルを用いたチャットシステムは、会話文全体を1つのテキストとして扱い、その続きを生成する。
- 会話が長くなるほど効率が悪くなる、トークン数の上限に引っかかる、1発言の費用が高くなるなどの問題点がある。

Chapter 5 大規模言語モデル

31 ローカルLLM

AIチャットやAIアプリケーションを利用・開発するには、OpenAI API（p.228参照）のようなクラウドサービスの大規模言語モデルを利用するのが一般的ですが、自前の計算資源で大規模言語モデルの推論・学習を行うという選択肢もあります。

● ローカルLLMとは

ローカルLLMとは、大規模言語モデル（LLM）のソフトウェアや学習済みパラメータを使って、自分の管理するコンピュータ（計算資源）で推論や学習を行うことです。一方OpenAI APIのような、モデルと推論のリソースがすべてクラウド上に配置されており、決められたAPIを通じて推論の結果のみを受け取るタイプの大規模言語モデルを**クラウドLLM**と呼びます。

■ ローカルLLMとクラウドLLMのメリット・デメリット

	ローカルLLM	クラウドLLM
メリット	・費用が見積もりやすい ・極秘情報を扱える	・精度が高い ・導入が低コストで容易
デメリット	・精度が低い ・導入コストが高い ・計算資源保守が必要 ・ピーク性能への対応が難しい	・従量制の価格体系 ・入出力の検閲 ・規約違反によるBANの可能性 ・レートリミット（アクセス数制限）

クラウドLLMのメリットは高い精度と導入のハードルの低さです。その一方で、従量制の価格のため運用コストに上限が無いことや、検閲の問題から極秘情報やセンシティブな情報を扱うのが難しいという課題があります。

それらの課題がビジネス上許容できない場合は、ローカルLLMを検討してみてもいいでしょう。ただし精度はまだクラウドLLMに劣りますし、初期導入コストは大きなものになります。

ただ、クラウドLLMの課題は今後も解決が難しいのに対し、ローカルLLM

の課題は時間とともに解決に向かっており、遠くない将来にローカルLLMのメリットがデメリットを逆転するでしょう。

　ローカルLLMの精度は、当初は正直実用レベルとは言えませんでしたが、ChatGPT登場以降の1年余りで大きく進展しています。いくつかの評価指標でクラウドLLMに追いついていますし、精度に大きな影響があるモデルサイズについても、xAIのGrok-1（314B）[1]やNVIDIAのNemotron-340B[2]、Metaから公開予定のLlama3-400B[3]など、300Bを超えるサイズのローカルLLMも徐々に出揃いつつあります。

　PCやスマートフォン上で小さめのローカルLLMを稼働させる動きもすでに始まっています。MicrosoftのCopilot+ PCでは、3.3BパラメータのPhi-Silicaを動かして、過去に画面に表示した情報を横断検索するRecallなどのAI機能を提供する予定です[4]。またGoogleやAppleも、音声文字起こしやメールの検索といったローカルLLMを使ったAI機能をスマートフォンに提供開始しています[5][6]。ただし、小さめでもローカルLLMを稼働させる性能要件は高いです。Copilot+ PCは40TOPS以上のNPUを搭載する必要があり、スマートフォンは現行の最上位機種のみ（Google Pixel Pro 8、iPhone 15 Pro等）となります。今後はAI機能の必須化と、性能要件を満たすデバイスの普及が進むでしょう。

　世界的なGPU不足などによる計算資源の高騰から、ローカルLLM導入のハードルはまだ高いですが、NPUの開発と市場投入[7]、国産クラウドへの大規模な

---

[1] Open Release of Grok-1　https://x.ai/blog/grok-os

[2] Leverage Our Latest Open Models for Synthetic Data Generation with NVIDIA Nemotron-4 340B | NVIDIA Technical Blog　https://developer.nvidia.com/blog/leverage-our-latest-open-models-for-synthetic-data-generation-with-nvidia-nemotron-4-340b/

[3] Introducing Meta Llama 3: The most capable openly available LLM to date
https://ai.meta.com/blog/meta-llama-3/

[4] Microsoft、Windowsローカルで実行可能なSLM「Phi Silica」を全「Copilot+ PC」に搭載へ - ITmedia NEWS　https://www.itmedia.co.jp/news/articles/2405/22/news096.html

[5] 初のAI内蔵スマートフォン、Google Pixel 8 ProにてGeminiの実行開始。Google Pixelポートフォリオにさらなる AI アップデートを追加
https://blog.google/intl/ja-jp/products/devices-services/pixel-feature-drop-december-2023-jp/

[6] iPhone、iPad、MacにApple Intelligenceが登場 - Apple（日本）
https://www.apple.com/jp/newsroom/2024/06/introducing-apple-intelligence-for-iphone-ipad-and-mac/

[7] 「2025年までにAI PCを1億台出荷」というIntelの意欲的なAI PC戦略 | Tech & Device TV
https://jp.ext.hp.com/techdevice/ai/personalcompanion03/

投資[8]などにより、こちらも徐々に解決に向かっていくでしょう。

● ローカルLLMの環境

　ローカルLLMを導入するには、自分で管理・運用するコンピュータ（計算資源）が必要です。最もシンプルなパターンは、GPUを搭載したサーバマシン（クラスタ）を物理的に用意することですが、クラウド上の計算資源を借りてAI基盤を構築することも可能です。

　自前のAI基盤を構築する場合、初期投資は高いものの、主なランニングコストは電気代だけです。しかし高性能なGPUは多くの電力を消費します。例えばNVIDIA H100の電力（TDP）は700Wと電子レンジ並みです。通常のデータセンターはラック全体でも2000W程度しか電力を使えないため、AIサーバのためには高電力な設備や契約が必要です。機器の故障に備えた二重化や保守のコストも考慮すると、クラウド計算資源の利用も有効でしょう。

　クラウドのインスタンス（計算資源）上にAI基盤を構築する場合、インスタンスの利用期間に対して費用が発生します。費用の上限を設定できる点がクラウドLLMとの違いです[9]。広告や季節性の要因などでサービス利用の集中が発生するような運用でも、クラウドのインスタンスを一時的に増やして対応できるのもメリットです。

　クラウドプラットフォームには大規模言語モデルの導入をサポートする仕組みもあります。例えばMicrosoft AzureのMachine Learning StudioやAmazon AWSのSageMaker JumpStartでは、モデルとインスタンスを指定すれば、簡単に大規模言語モデルの推論が可能な状態になります[10][11]。

　クラウドのGPU需要も増えており、高性能なGPUを積んだスポットインスタンスは空き待ちになることも少なくないようですが、Amazon AWSの

---

[8] さくらインターネット、最大1000億円投資　政府クラウド追い風 - 日本経済新聞
https://www.nikkei.com/article/DGXZQOUF2574E0V20C24A1000000/

[9] サーバ間の通信量など、AI以外のところで従量制の料金が発生する可能性はあります。

[10] Introducing Llama 2 on Azure　https://techcommunity.microsoft.com/t5/ai-machine-learning-blog/introducing-llama-2-on-azure/ba-p/3881233

[11] Amazon BedrockでのMeta Llama 2 – AWS　https://aws.amazon.com/jp/bedrock/llama-2/

Inferentia[12]のように、AIサーバ用のNPU（AIアクセラレータ）を使ったコストパフォーマンスの高いクラウド計算資源が増えていくことで解消に向かうだろうと考えています。

■ Microsoft Azure Machine Learning Studio

ローカルLLMによる推論のプロセス

　ローカルLLMを使った推論はPythonを用いてプログラミングするのが一般的です。そのプログラミング方法は別の専門書に譲り[13]、ここではローカルLLMの使った簡単な推論のプログラムを通じて、大規模言語モデルの推論がどのようなプロセスで行われているかを解説しましょう。

　以下はPythonでのローカルLLM推論のサンプルコードです。Pytorch[14] とTransformers[15]というライブラリを利用しています。こうした大規模言語モデルの各種ライブラリは活発に開発が行われており、頻繁に仕様変更されます。最新のコードは公式リファレンスや解説記事を参照してください。

---

[12] AWS Inferentia（高パフォーマンスの機械学習推奨チップ）| AWS
https://aws.amazon.com/jp/machine-learning/inferentia/
[13] 山田育矢、鈴木正敏、山田康輔、李凌寒.『大規模言語モデル入門』技術評論社. (2023) など多数あります。
[14] https://pytorch.org/
[15] https://github.com/huggingface/transformers

```python
# 必要なライブラリのモジュールをインポート
import torch
from transformers import AutoTokenizer, AutoModelForCausalLM

# ① モデルとトークナイザーの読み込み
model_name = "line-corporation/japanese-large-lm-3.6b-instruction-sft"
model = AutoModelForCausalLM.from_pretrained(model_name, device_map="auto", torch_dtype=torch.float16)
tokenizer = AutoTokenizer.from_pretrained(model_name, use_fast=False, legacy=False)

# ② 入力文をトークン化
text = "昔々あるところに"
inputs = tokenizer.encode(text, return_tensors="pt", add_special_tokens=False).to(model.device)

# ③ 文の続きを生成
outputs = model.generate(inputs, max_length=64, do_sample=True, pad_token_id=tokenizer.pad_token_id, repetition_penalty=1.1)

# ④ 出力されたトークンID列を文字列に
print(tokenizer.decode(outputs[0]))


# 実行結果例
昔々あるところに、大きな木に登るのが大好きなウサギとキツネがいました。ある日のことです。ウサギが小さな巣箱をキツネの巣に届けに行くと、
```

　ローカルLLMを使った推論の手順について、サンプルコードで確認しながら説明しましょう。

■ ローカルLLMの推論のプロセス

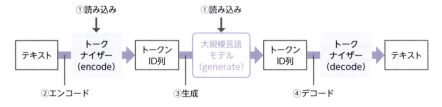

ステップ①では、ローカルLLMのモデルとトークナイザーを読み込んでいます[16][17]。Transformersライブラリは指定された名前を元にHugging Faceのリポジトリからモデルファイルを自動的にダウンロードします。ここではLINE社の日本語LLM "line-corporation/japanese-large-lm-3.6b-instruction-sft" を指定しています。

　トークナイザーの役割はテキストを分割し、トークンIDと相互変換することです。大規模言語モデルはトークンIDを入出力しますが、トークンIDがどういう文字列に対応するかは知りません。そのため、モデルとトークナイザーは同じ名前のものが必ずセットで使われます。

　なお、**Hugging Face**とは、Transformersライブラリなどの自然言語処理のためのオープンソースライブラリと、モデルなどを共有するリポジトリを提供しているスタートアップ企業です[18]。

　ステップ②では、トークナイザーを使って入力文をトークンIDの列に変換しています。これをエンコード（符号化）といいます。

　ステップ③では入力文の続きを生成しています。出力はトークンIDの列で得られますので、ステップ④で文字列に戻して表示します。

　クラウドLLMではテキストがそのまま入出力されているように見えますが、内部では同様のプロセスが行われています。

まとめ

- 大規模言語モデルをAPI経由で利用するクラウドLLMに対し、ローカルLLMは自前のサーバ上で推論や学習を行う。
- ローカルLLMの運用は十分な計算資源が必要。クラウド上にAI基盤を構築することも可能。

---

[16] 大規模言語モデルはアーキテクチャごとにロジックが異なるため、そのアーキテクチャに適したモデルやトークナイザーのクラスを指定する必要があります。Transformersの AutoModelForCausalLMやAutoTokenizerは適切なクラスを自動的に読み込みます。

[17] オプション device_map="auto" はAccelerateライブラリの機能で、GPU/CPUのメモリを自動的に選んでモデルを読み込みます。torch_dtypeはモデルのパラメータを表現する浮動小数点数の型を指定します（p.081参照）。

[18] Hugging Face　　https://huggingface.co/

Chapter 5　大規模言語モデル

32　大規模言語モデルのライセンス

公開されているローカルLLMは、ソフトウェアライセンスによって利用のルールが定められています。ローカルLLMを利用する目的に照らし合わせて、商用利用・改変・再配布などが可能かどうかを確認しましょう。

● ローカルLLMのエコシステム

　ローカルLLMを語る上で、Meta社（旧Facebook）のLlamaシリーズは欠かせない存在です[1]。

　Llamaは完全なオープンソースではなかったものの、改変可、再配布可、そして一定条件のもとで無償で商用利用可という緩いライセンスでありながら、各バージョンのリリースのタイミングではローカルLLMの中でトップクラスの精度を実現していました。

　LlamaクラスのローカルLLMを事前学習するには大規模な計算資源とデータが必要ですが、ファインチューニングであれば比較的少ないリソースでも可能です。それにより、精度の高い派生モデルや、用途別・言語別にチューニングしたモデルなどが多数リリースされ、ローカルLLMのエコシステムの源泉となって、精度や性能の進展で大きな貢献をしました。

● ソフトウェアライセンス

　ソフトウェア（学習済みのモデルやデータセットなども含む）の利用者が守るべきルール（権利・義務）を定めたものが**ソフトウェアライセンス**です。以降「ライセンス」と表記します。ライセンスの定めるルールに違反すると法的なリスクが発生するので、ソフトウェアの利用や開発においてライセンスの確認は必須であり、生成AIも例外ではありません。

---

[1] https://llama.meta.com/

ライセンスにはさまざまな種類がありますが、大別すると商用ライセンス、オープンソースライセンス、その他のライセンス（フリーウェアなど）に分かれます。

商用ライセンスは基本的に有償のソフトウェアライセンスで、利用目的や範囲（マシンの台数やユーザ数）などによって利用料金が定められています。

オープンソースライセンスまたは単にオープンソースとは、文字通り「ソースコードが公開されている」という意味ですが、それだけでなくソフトウェアの利用や改変や配布についても一定以上の自由があることを含めることが多いです。

● 大規模言語モデルのライセンスの種類

ローカルLLMの配布は、学習済みモデルのパラメータをファイルの形で共有することで行われます。これらは配布元のポリシーなどによってライセンスが決められ、そのルールのもとで利用が可能です。

さまざまなライセンスがあるのは、ソフトウェアごとに異なる目的や条件などを明確にするためです。個別に確認するのは大変なので、よく使われる代表的なソフトウェアライセンスがいくつかあります。

大規模言語モデル（ローカルLLM）に適用される代表的なライセンスには以下のものがあります。

ライセンス名	商用利用	再配布	備考
Apache2.0	○	○	
MIT	○	○	
2条項BSD	○	○	
GNU GPL（General Public License）	○	○	コピーレフト
Creative Commons	個別	個別	カスタマイズ可能
Llama Community	△	△	制約あり

Apache2.0（Apache License 2.0）とMITと2条項BSD[2]は商用利用も改変も可能で、再配布もライセンスファイルの同梱と変更内容の明示などのもとで可能です[3]。ローカルLLMを商用利用したい場合（企業だけでなく個人も含む）、これらのライセンスならばほぼ制約なく安心して利用できます。

GNU GPLライセンス（以降GPL）は大規模言語モデルにはあまり使用されませんが、重要なライセンスなので紹介しましょう。GPLも利用・改変・再配布すべて自由ですが、特殊な条件として、GPLなソフトウェアの派生物も必ずGPLライセンスにすることと、ユーザにソースコードへアクセスできる権利を保障することがあります。これらの条件はコピーライト（著作権）をもじって「コピーレフト」と呼ばれます。また「フリーソフトウェア」は通常GNU GPLライセンスのソフトウェアを指します[4]。

Creative Commons（クリエイティブ・コモンズ、以降CC）はプログラムよりデータに対して適用されることが多いライセンスです。CCの特徴は、ニーズに合わせた付帯条件でカスタマイズが可能な点です。以下にCCの代表的なパターンを紹介します。

■ Creative Commonsライセンスの条件

名称	説明
CC BY（表示）	クレジット（著作権者の情報）の表示が必要
CC SA（継承）	派生物を同じライセンスにすることを要求
CC NC（非営利）	商用利用を禁止
CC ND（改変禁止）	派生物の配布を禁止

これらはCC BY-NC-SA（表示・非営利・継承）のように、複数の付帯条件を

---

[2] ただ"BSDライセンス"とだけ書くと「4条項BSD（旧BSD）」と解釈されます。これは派生物のドキュメントやパンフレットなどに元のソフトウェアの著作者を表示しなければならないという条件（宣伝条項）がある別のライセンスになります。

[3] Apache2.0には特許権の保護に関する詳細な条項があります。

[4] 「フリーウェア」は「無料のソフトウェア」の意味で、ソースの公開や改変・再配布について特に決まりはありません。GPLライセンスを指す「フリーソフトウェア」（このフリーは「自由」の意味）と言葉は似ていますが、全くの別物です。

組み合わせて設定されます。またCC NC（非営利）ライセンスが指定されたデータセットやそれを使用したモデルは商用利用はできません。ファインチューニングのデータが例えばCC-BY-NC（表示・非営利）の場合も、チューニングされたモデルイメージは商用利用不可となります。

　この他にCC0（ゼロ）という特殊なCreative Commonsライセンスもあります。これは著作権を含めたあらゆる権利を主張しない（パブリックドメイン）というものです。大規模言語モデル関連ではCommon Crawlデータセット（p.177参照）がCC0ライセンスで提供されています[5]。

　Llama Communityライセンスは、Meta社の大規模言語モデルLlamaシリーズ用のライセンスです。正確にはLlama2とLlama3はそれぞれ別のライセンスですが、再配布時の表示義務が少し増えたくらいで、基本的にはほとんど同じです[6][7]。

　Llamaシリーズは厳密にはオープンソースではありませんが[8]、モデルパラメータが公開されていて、一定の条件下で改変・配布・商用利用が可能であればオープンソースと呼ぶ風潮も近年はあります。そうしたモデルは、厳密なオープンソースライセンスと区別して、**オープンウェイト**（学習後のパラメータが公開されているという意味）と呼ばれることもあります。

まとめ

- ソフトウェアライセンスはソフトウェアの利用に当たって守るべきルール。
- ローカルLLMのソフトウェアライセンスが利用目的に適しているかどうか確認が必須。

---

[5] Common CrawlもCCと略されるので紛らわしいです。
[6] LLAMA 2 COMMUNITY LICENSE AGREEMENT
https://github.com/meta-llama/llama/blob/main/LICENSE
[7] META LLAMA 3 COMMUNITY LICENSE AGREEMENT　https://llama.meta.com/llama3/license/。月間のアクティブユーザ数が7億以下というGAFAクラスのビッグテックでなければ抵触しそうにない条件のもとで商用利用・改変・再配布が可能なライセンスになっています。
[8] Llamaは学習コードや学習データの一部が未公開かつ、他の大規模言語モデルの改良に用いてはならないといった、オープンソースの原則に則っていない規約があります。

Chapter 5 大規模言語モデル

33 大規模言語モデルの評価

大規模言語モデルの精度（賢さ）を評価することは、良いモデルを選ぶ上で重要です。ただし、人間の知能を試験の点数やIQで測るのと同じように、数値で定量化できるのはある一面に限られるため、複数の評価指標を総合的に見る必要があります。

● 大規模言語モデルの評価方法

大規模言語モデルの精度の評価方法は、おおむね3種類に分けられます。

1つ目は、大規模言語モデルの出力と正解の近さを評価する統計的手法です。自然言語処理の各タスクの評価用データセットがよく使われます。正解付きのデータが必要なので準備は高コストですが、評価は高速かつ再現性も高いです。基本的にタスクごとの評価となるので、タスクを横断した結果の平均を、そのモデルの汎用的な能力の評価とします。

2つ目は、精度を測るための採点用モデルを別途用意する手法です。特にGPT-4を採点に用いるなど、ほかの大規模言語モデルを使って評価を行うアプローチは**LLM-as-a-Judge**と呼ばれます。柔軟な評価が可能ですが、GPT-4に似た出力を高く評価する傾向があります。

3つ目は、人間が評価する手法です。実感に近い評価が得られる反面、高コストで主観的な偏りや、一貫性の欠如などの懸念があります。そこで、複数のモデルの出力文や人間の書いた文を混ぜ、ブラインドで複数の人間に評価させ、その結果を統計処理して偏りを減らすなどの工夫が行われます。

■ 大規模言語モデルの評価の主なアプローチ

統計的手法	GLUE, HumanEval, MMLU, NLI, SQuAD, パープレキシティ	高速、再現性がある、準備コストが高い
LLM-as-a-Judge	MT-Bench, Rakuda Benchmark	柔軟性が高い、GPT-4によるバイアス
人間による評価	Chatbot Arena	実感に近い、高コスト、一貫性に欠ける

代表的な評価方法をいくつか紹介します。

GLUE

文法チェックや感情分析、テキスト分類、質問応答など複数のタスクに渡って評価を行うことで、言語の総合的な理解度を評価するためのベンチマークです[1]。代表的な評価方法の1つです。

MT-Bench

自然言語処理の多くのタスクは1回の入力と1回の出力で表現できるものが多く、ChatGPTのような会話のやり取りを評価できません。MT-Bench（Multi-Turn Benchmark）はそうした会話のやり取りを評価する指標です。文脈を踏まえた会話が成立しているかどうかを、GPT-4を使って評価します[2]。

HumanEval

HumanEvalは、モデルにプログラミングのお題を与え、正しく動くプログラムを生成したかどうかを判定することでプログラミング能力を評価する指標です[3]。評価は正解との近さではなく、生成されたプログラムを実際に実行し、正しい出力に一致するかどうかで評価します。

Chatbot Arena

Chatbot Arenaは、大規模言語モデル同士を対戦させ、人間が勝ち負けを判定し、その結果を統計処理します[4]。Chatbot Arenaにアクセスし、プロンプトを入力すると、ランダムに選ばれた2つの匿名の大規模言語モデルが回答を出力します。ユーザが生成結果を見て投票すると、それぞれのモデルの正体が表示されます。Chatbot Arenaは投票結果を集めて、人間の感覚に近い「大規模

---

[1] Wang, Alex, et al. "GLUE: A multi-task benchmark and analysis platform for natural language understanding." arXiv preprint arXiv:1804.07461（2018）．

[2] Zheng, Lianmin, et al. "Judging llm-as-a-judge with mt-bench and chatbot arena." Advances in Neural Information Processing Systems 36（2024）．

[3] Chen, Mark, et al. "Evaluating Large Language Models Trained on Code." arXiv preprint arXiv:2107.03374（2021）．

[4] LMSys Chatbot Arena Leaderboard - a Hugging Face Space by lmsys
https://huggingface.co/spaces/lmsys/chatbot-arena-leaderboard

言語モデルの賢さランキング」を作ります。

■ Chatbot Arena　https://chat.lmsys.org/

JGLUE、llm-jp-eval

統計的な評価にはデータセットが必要なため、学習と同じく、英語以外の評価指標は少ないという言語間格差がありましたが、GLUEの日本語版と言えるJGLUE[5] や、質問応答や意味類似度など幅広いタスクをカバーするllm-jp-eval[6] など、日本語の大規模言語モデルの評価環境も急速に整いつつあります。

● リーダーボード

多くの大規模言語モデルに対してさまざまな指標で評価を行い、それぞれのスコアや全スコアの平均で比較できるリーダーボード（順位表）がいくつか公開されており、大規模言語モデルの選択において参考になります。中でも有名なものはHugging FaceのOpen LLM Leaderboardです[7]。またWeights & BiasesのNejumi LLMリーダーボードでは日本語に関する指標で大規模言語モデルを評価しています[8]。

---

[5] Kurihara, Kentaro, Daisuke Kawahara, and Tomohide Shibata. "JGLUE: Japanese General Language Understanding Evaluation." Proceedings of the Thirteenth Language Resources and Evaluation Conference. 2022.

[6] https://github.com/llm-jp/llm-jp-eval

[7] Open LLM Leaderboard 2 - a Hugging Face Space by open-llm-leaderboard
https://huggingface.co/spaces/open-llm-leaderboard/open_llm_leaderboard

[8] Nejumi LLMリーダーボード Neo | llm-leaderboard – Weights & Biases
https://wandb.ai/wandb-japan/llm-leaderboard/reports/Nejumi-LLM-Neo--Vmlldzo2MTkyMTU0

■ Open LLM Leaderboard

	Model	Average	IFEval	BBH	MATH Lvl 5	GPQA	MUSR	MMLU-PRO
◆	Qwen/Qwen2-72B-Instruct	43.02	79.89	57.48	35.12	16.33	17.17	48.92
	meta-llama/Meta-Llama-3-70B-Instruct	36.67	80.99	50.19	23.34	4.92	10.92	46.74
◆	Qwen/Qwen2-72B	35.59	38.24	51.86	29.15	19.24	19.73	52.56
●	mistralai/Mixtral-8x22B-Instruct-v0.1	34.35	71.84	44.11	18.73	16.44	13.49	38.7
	HuggingFaceH4/zephyr-orpo-141b-A35b-v0.1	34.23	65.11	47.5	18.35	17.11	14.72	39.85
	microsoft/Phi-3-medium-4k-instruct	33.12	64.23	49.38	16.99	11.52	13.05	40.84

COLUMN 「GPT-4を超えた」はGPT-4よりスゴイ？

「GPT-3.5/GPT-4を超えた」的な喧伝をされる新しい大規模言語モデルのニュースを見て期待したが、実際に使ってみたらGPT-4と比べるほどでもなかった、といったことも残念ながらよくありますね。これは嘘をついているわけではなく、いくつかの評価指標では確かにGPT-4を上回っているのです。しかし人間が「このモデルは賢い」と感じるかどうかは1つのタスクの能力では測れませんし、評価指標のデータセットも完全ではないため、そうした齟齬が発生します。

人間の場合でも、学校の試験の点数やIQ（知能指数）の数値だけでその人の完全な評価はできませんよね。とはいえ、入試の点数で人間の合否が決まってしまうように、大規模言語モデルも評価指標で選ぶしかないのですけどね。

リーダーボードは複数の指標の平均値で順位付けするなどして、そうした偏った評価を正そうとしていますが、例えばプログラミングに使わないときは、HumanEvalなどの指標は参考にする必要がありません。モデル選択の参考にする場合は、用途に合わせた指標を参照するようにしましょう。

まとめ

▶ 大規模言語モデルの評価は、統計的手法、GPT-4による評価、人間による評価の3種類に大別される。

▶ 評価結果は大規模言語モデルの精度の一面に過ぎず、必ずしも汎用的な能力を表さないことに注意。

Chapter 5 大規模言語モデル

34 大規模言語モデルの学習
～事前学習～

大規模言語モデルの学習は、事前学習とファインチューニングの大きく2段階に分かれます。本節では事前学習について解説します。

● 事前学習と基盤モデル

事前学習（pretraining）とは、特定のタスクに限定されない広範囲の大規模なデータを使って、モデルを初期状態から学習するプロセスです。事前学習によって得られたモデルは言語や画像などに関する広範な知識を持ち、追加学習をすることでさまざまなタスクに適用可能となります。このモデルは**基盤モデル**やベースモデルと呼ばれます。

基盤モデルをそのまま翻訳や要約、チャット（対話）などの個々のタスクに適用しても、必ずしも精度は高くありません。個別のタスクに合わせて調整（ファインチューニング）を行うことで精度が向上します（p.180参照）。

● 自己教師あり学習

機械学習には、大きく分けて教師あり学習と教師なし学習の2種類があります（p.059参照）。一般に教師あり学習のほうが学習しやすく精度も高いですが、高コストな正解付きのデータが必要です。事前学習のデータセットはとても大規模になるため、正解付きで用意するのは大変です。

そこで、大規模言語モデルの事前学習は、正解の付いていない（比較的）低コストな大量のデータから、学習時に都度正解データを作成して教師あり学習を行うアプローチが採用されることが多いです。このようなタイプの学習を**自己教師あり学習**と言います。

事前学習の方法はモデルによって違います。例えばBERTの事前学習はMasked Language ModelとNext Sentence Predictionという2つの方法を併用し

ます（p.219参照）。

ここでは、GPTなどの自己回帰言語モデル（p.145参照）の事前学習である**次単語予測**について解説します。基本的には次の単語の予測が当たるように学習しますが、事前学習ではそれを大規模かつ効率最優先で行います。

まず、事前学習に使うテキストデータ全体をひとつながりの文章と見なし、あらかじめ学習しておいたトークナイザーでトークン化して一定間隔に区切ります（p.114参照）。ここでは説明のためにトークン＝文字として、10文字ずつに区切ることにしましょう。

学習では、ランダムに選ばれた複数のトークン列を一度にネットワークに入力します。この一度に入力する複数のセットを**ミニバッチ**と言います。モデルが出力するトークンの確率分布（p.149参照）が次トークンの予測となるように、入力された複数の文全体をまとめて学習します。

■ 自己回帰言語モデルの事前学習

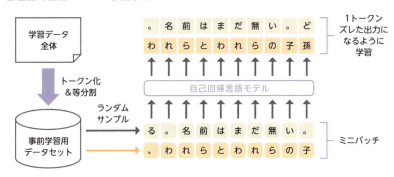

「文章」と言いましたが、決められたトークン数で切り分けているだけなので、図の例のように元の文章の途中の部分トークン列だったり、関係ない他の文章と連結されていたりします。

事前学習はとにかく大規模な学習を効率良く行うことが最優先なのですが、データをこのように雑に扱うと当然精度に悪い影響があります。しかし、ちゃんとファインチューニングでつじつまを合わせられるので、大丈夫です（p.180参照）。

ミニバッチで複数のデータを一度に入れる理由もいくつかあります。まず、

GPUは同じ計算を同時に行うほうが速度アップの度合いが大きいので（p.092参照）、複数の同じ長さの文章を入力するとGPUの計算効率が上がります[1]。

また、ニューラルネットワークの学習は、予想と正解の差をロス（損失）で表し、それを最小化することで行いますが（p.061参照）、ロスをまとまった個数のデータに対する平均で計算したほうが学習が安定し、汎化性能（p.064参照）も上がりやすいことがわかっています。ただ、ミニバッチサイズを大きくしすぎると学習が遅くなるので、適切なサイズを設定することが重要です。

● 基盤モデルの追加学習

基盤モデルに対する追加学習は大きく2通りあります。1つは次節で解説するファインチューニングで、小規模な追加学習によって、用途に特化したモデルや指示に従う能力を向上させることが目的です。

もう1つは、カスタマイズした基盤モデルを得るための大規模な追加学習です。このタイプの学習は**継続事前学習**と呼ばれます。具体的には、英語の基盤モデルから日本語の基盤モデルを得る場合などに継続事前学習が行われます。

■ 事前学習とファインチューニングの違い

	データ量	データの種類	入力形式
事前学習 / 継続事前学習	大規模	網羅的	トークン固定長
ファインチューニング	小規模	用途に特化	文単位

一般に追加学習では、トークナイザーは事前学習と同じものを使いますが、トークナイザーに語彙を追加し、継続事前学習で新しい語彙の埋め込みベクトルを獲得するパターンも増えています。英語で学習されたトークナイザーは日本語の文章が苦手でトークン数が増える傾向があるため、トークナイザーに日本語語彙を追加することで日本語の精度と生成スピードの向上を図ります。

---

[1] ただし、ミニバッチサイズを倍にすると、GPUのVRAMの使用量がほぼ倍になります。そのため十分な計算資源を持っていない場合は、ミニバッチサイズを1や2で学習せざるを得ないということが残念ながらよくあります……。

事前学習の訓練データ

賢いAIの実現には、質の高い大規模な学習データが必要です（p.141参照）。

ビッグテックの大規模言語モデルの学習データはデータの種類や量などの情報がほとんど公開されていません。高品質なデータセットを作ることは高コストであり、参入障壁となっています。

また、著作権の問題も考えられます。日本ではAI開発のためのコンテンツの利用は、原則として著作権者の許諾なく行うことが可能ですが[2]、海外ではその限りではありません。OpenAI社は新聞記事を学習データに用いたことを提訴されましたし[3]、大規模言語モデルの学習によく使われていたBooks3というコーパスは、著作権の切れていない著作が多いという指摘から、現在はオープンデータセットから除外されています[4]。こうしたトラブルを避けるため、という消極的な理由でコーパスの詳細を公開していない面もあるだろうと思われます。

大規模言語モデルの学習にはどれほどのデータが必要でしょう。**Common Crawl**データセット（略してCC）は2007年からインターネットのテキスト収集を続けているオープンライセンスのコーパスで、2023/12月現在で2500億ページ以上のデータを持ち、今後も増え続けていきます[5]。

ただしCommon Crawlは未整理のデータで玉石混交なため、クリーニングやメタデータの追加をして選別しやすくしたC4（Colossal Clean Crawled Corpus）[6]やOSCAR[7]、Wikipediaなどのデータも加えた**RedPajama**データセット[8]などがよく使われます。

---

[2] 令和5年度 著作権セミナー「AIと著作権」文化庁著作権課
https://www.bunka.go.jp/seisaku/chosakuken/pdf/93903601_01.pdf

[3] 米ニューヨーク・タイムズ、OpenAIを提訴　記事流用で数千億円損害 - 日本経済新聞
https://www.nikkei.com/article/DGXZQOGN27CXP0X21C23A2000000/

[4] Metaの大規模言語モデル「LLaMA」のトレーニングにも使用されたAIの学習用データセット「Books3」が削除される - GIGAZINE　https://gigazine.net/news/20230821-books-3-ai-data-set/

[5] Common Crawl - Open Repository of Web Crawl Data　https://commoncrawl.org/

[6] https://github.com/google-research/text-to-text-transfer-transformer#c4

[7] https://oscar-project.org/

[8] The RedPajama-Data repository contains code for preparing large datasets for training large language models.　https://github.com/togethercomputer/RedPajama-Data

RedPajamaデータセットは30兆トークンのテキストを含むオープンライセンスのデータセットです。30兆トークンとは、人間が睡眠も取らず24時間読み続けたとしても、17万年かかる量です[9]。人生を1000回繰り返しても読み切れませんね。

　ちなみに日本語Wikipediaの文章部分全体は約15億トークンになります[10]。RedPajamaはWikipedia 2000個分ということですね。

　学習データを1回ずつ使って学習することを**エポック**と言います。通常の機械学習では学習データを何十エポックも学習するのが一般的ですが、大規模言語モデルの学習では膨大な学習データを用意して、少ないエポック数で学習する傾向があります。特に最近は1回以下のエポック、つまり学習データをたかだか1回しか使わない学習も主流となりつつあります。これにより、精度が上がり、過学習を起こさないメリットもあります。

　ただこのアプローチは今まで以上のデータを必要とします。大規模言語モデルの学習に適した高品質なテキストデータは2026年までに枯渇する（それ以上増やせない）という予測もあります[11]。

　こうしたデータの問題を解決するため、人工の合成データを使った学習も試みられています[12]。

まとめ

- 大規模言語モデルの学習は事前学習とファインチューニングの2段階。
- 事前学習は広範囲の大規模データを用いてモデルを初期学習する。

---

[9] 1トークンは0.75ワード相当、人間の読書速度はネイティブ英語話者の平均と言われる1分当たり250ワードと仮定。

[10] 日本語Wikipediaの2023年12月20日のダンプデータ　https://dumps.wikimedia.org/jawiki/ からwikiextractorhttps://github.com/attardi/wikiextractor でテキストを取り出し、tiktokenのcl100k_baseモデルでトークン化した個数をカウントしました。

[11] Will We Run Out of ML Data? Projecting Dataset Size Trends
https://epochai.org/blog/will-we-run-out-of-ml-data-evidence-from-projecting-dataset

[12] Adler, Bo, et al. "Nemotron-4 340B Technical Report." arXiv preprint arXiv:2406.11704（2024）.

データセットのクリーニングは一仕事

　Common Crawlデータセット（p.177参照）の総ページ数は2500億を超え、さらに毎日のように追加されています。例えば2023年12月の前半2週間に追加されたデータだけでも30億ページ以上、450TBを超えます[13]。

　これほど膨大な量があってもデータが枯渇するとは、と思うかもしれませんが、ポイントは「高品質なテキストデータ」という点です。Common Crawlは量だけなら十分ありますが、質は残念ながら極めて低く、データの重複や明らかなゴミが大量に含まれています。

　インターネットの時代になって、データをただ集めるだけならとても低コストに行えるようになりましたが、学習に使える高品質なデータとなるとまだまだ大変です。大規模言語モデルの開発は、データクリーニングに始まってデータクリーニングに終わると言ってもいいんじゃないかというくらい、テキストデータのクリーニングが大きなウェイトを占めます。

　例えばRedPajama（p.177参照）はCommon CrawlやWikipediaをクリーニングしたデータセットですが、それでもまだ重複は少なくありません。そのため、RedPajamaをさらにクリーニングしたSlimPajamaというデータセットも作られています[14]。

　以下はCommon Crawlに含まれるデータの例です。確かにこんなデータで学習しても全然賢くならなさそうですよね。

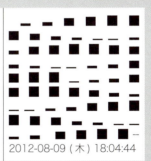

---

[13] https://commoncrawl.org/blog/november-december-2023-crawl-archive-now-available

[14] https://www.cerebras.net/blog/slimpajama-a-627b-token-cleaned-and-deduplicated-version-of-redpajama

Chapter 5 大規模言語モデル

35 大規模言語モデルの学習
~ファインチューニング~

基盤モデルの微調整の方法には、ファインチューニングやコンテキスト内学習（p.188参照）などがありますが、本節ではファインチューニングを含めた、モデルのパラメータ更新を伴う微調整方法について解説します。

● ファインチューニング

　大規模言語モデルの学習プロセスは大きく2段階に分かれます。第1段階の事前学習では、タスクによらない大量のデータを使って汎用的な**基盤モデル**を学習します（p.137参照）。この基盤モデルに対し、利用目的に合わせた**ファインチューニング**（「微調整」と訳される）を行うのが第2段階になります。

　ファインチューニングの最も代表的な目的は、翻訳や要約、チャット（対話）などのタスクへの対応能力を上げる**インストラクション・チューニング**（指示に従うチューニング）です。他に文体や絵柄などのスタイル変更を目的とすることもあります。

　また、モデルに知識を追加するためにファインチューニングが試みられることもありますが、後述する理由でうまくいかない可能性が高いです（p.190参照）。外部知識への対応はRAG（p.255参照）を用いましょう。

　インストラクション・チューニングの効果の検証として、事前学習しただけのベースモデルとそれをファインチューニングしたモデルで[1]、質問の回答がどのように変わるかを見てみましょう（次ページの表）。

　このように、大規模言語モデルはインストラクション・チューニングの有無で振る舞いが大きく変わります。基本的に事前学習は言語の知識を獲得することが目的であり（p.175参照）、会話や指示に応えることや明示的な文の終わりを学習していないため、この例のような冗長な連想ゲームのような出力になり

---

[1] Meta Llama 3 8Bを日本語で継続事前学習したrinnaのLlama 3 Youko 8Bモデル　https://huggingface.co/rinna/llama-3-youko-8b をベースモデルとし、これをllm-jp/databricks-dolly-15k-jaで1エポックQLoRA学習したモデルの比較。

がちです。一方、小規模なデータでもインストラクション・チューニングを行うと、回答が簡潔で的確になります。

　Hugging Faceに公開されているベースモデル（基盤モデル）をチューニングしないで使いたい場合は、インストラクション・チューニング済みのモデル（モデル名に"-instruct"や"-chat"などが付いているもの）を選びましょう。

■ インストラクション・チューニング Before-After

質問	ベースモデル	インストラクション・チューニング後
富士山の高さは？	富士登山は、富山県の富山市にある立山連峰の雄山に登ることを指す場合もある。立川市にある高尾山とは、混同しないように注意されたい。	3776メートル。富士は日本で最も高い山である。日本の最高峰は、富山県と長野県の境にある北アルプスの北岳である。
イギリスの首都は？	1. ロンドン 2. パリ 3. ベルリン 4. モスクワ 5. ワシントンD.C. 6. ニューヨーク 7. 北京 8. 東京 9. ソウル 10. 上海 11. バンコク 12. ムンバイ 13. カイロ 14. イスタンブール 15. ドバイ 16. アブダビ	イングランドのロンドンは、イギリスの国都である。ローマ帝国の時代に始まったこの都市は、その後何世紀にもわたって発展を続け、現在では世界で最も人口の多い都市のひとつとなっている。
The early bird catches the worm. を日本語に訳して	例文帳に追加 早起きは三文の徳だ . - Tanaka Corpus The early worm gets the bird. - Weblio Email例文集 【例】早寝早起き。《諺》早寝は早朝の鳥を捕らえる . 既に死んでいる鳥は捕まえられない .	早起きは三文の徳。早起きな人は、虫を捕まえる。これは、早く起きた人は良いことをするという意味である。また、朝早い人は仕事を始める時間が早いため、より多くの仕事ができるということを意味する。

ファインチューニングの方法

　まずは最も一般的な**教師ありファインチューニング**（Supervised Fine-Tuning、SFTと略されます）を説明しましょう。

　インストラクション・チューニングでは、大規模言語モデルを以下のようなテキストで追加学習します。データの与え方は異なりますが、学習自体は事前学習と同じで、テキストを生成する確率が高くなるように学習します。またファインチューニングではテキストの開始と終わりを正しく扱います。

```
### 指示:
与えられた文を日本語に翻訳してください。

### 入力:
The early bird catches the worm.

### 応答:
早起きは三文の徳。
```

　このようなテキストの雛形をインストラクションの**テンプレート**と言います。「### 指示:」や「### 入力:」は決められた表現で、データベースから取得したデータをテンプレートに埋めて学習用テキストを作成します。テンプレートはいくつか流儀がありますが、1つのモデルの学習や推論には一貫して同じテンプレートを用います。

　インストラクション・チューニング用のオープンデータセットとしてdatabricks-dolly-15k[2]があります。15000件の指示・入力・応答からなり、日本語版も公開されています[3]。小規模ですが、インストラクション・チューニングでは十分な効果が期待できます。前項の例もdatabricks-dolly-15k日本語版でファインチューニングしています。日本語の大規模なオープンライセンスのデータセット[4]も公開されています。

● RLHF (Reinforcement Learning from Human Feedback)

　教師ありファインチューニングは、指示に対して正解となる文を学習します。しかし自然文の質問に正解が1通りしか無いことはあまりありません。

　例えば「I am a cat. を翻訳して」に対し、「私はネコです」「ボクは猫だ」「吾輩は猫である」は全部正解です。「I am a cat. を日本語に翻訳すると『私はネコです』となります」と丁寧に答えるのももちろん正解でしょう。しかし教師ありファインチューニングではどれか1つを正解として学習し、残りは不正解とされます。アライメント (p.270参照) でも同様の問題があります。

---

[2] https://huggingface.co/datasets/databricks/databricks-dolly-15k
[3] https://huggingface.co/datasets/llm-jp/databricks-dolly-15k-ja
[4] https://huggingface.co/datasets/izumi-lab/llm-japanese-dataset-vanilla など

RLHF（Reinforcement Learning from Human Feedback：人間のフィードバックからの強化学習）[5] は、モデルが実際に生成した文を採点し、その採点結果を元にモデルを学習する手法で、正解が複数ある場合も学習できます。

■ RLHF：フィードバックによる学習

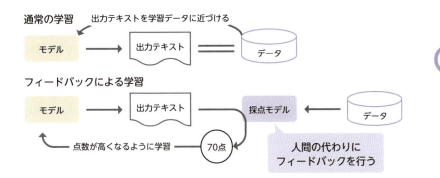

とはいえモデルが文を生成するたびに人間が採点するのは現実的ではありません。そこで人間の代わりに採点するモデルを別途学習します。この採点用モデルは、強化学習の枠組みに当てはめたときの報酬（Reward）に当たることから、報酬モデルとも呼ばれます。

RLHFでチューニングしたGPT-3.5の精度がとても高かったことから、高精度モデルの学習にはRLHFが必須と一時期は考えられていました。しかし報酬モデルの学習は難しく、RLHFの適用は高コストでした。現在はRLHFを用いずに教師ありファインチューニングでも十分高精度なモデルが実現できていますし、アライメントについてはRLHFと同等のチューニングを実現するDPO[6]やKTO[7]といった手法が注目されています。

---

[5] Ziegler, Daniel M., et al. "Fine-Tuning Language Models from Human Preferences." arXiv preprint arXiv:1909.08593（2019）．

[6] Rafailov, R., Sharma, A., Mitchell, E., Ermon, S., Manning, C. D., and Finn, C.Direct preference optimization: Your language model is secretly a reward model.arXiv preprint arXiv:2305.18290, 2023.

[7] Ethayarajh, Kawin, et al. "KTO: Model Alignment as Prospect Theoretic Optimization." arXiv preprint arXiv:2402.01306（2024）．

◯ LoRA (Low-Rank Adaptation)

　深層学習のモデルのパラメータは、数値が縦横に並んだ行列が集まったもので表現されます[8]。GPUで深層学習を計算するには、こうした行列すべてをGPUのメモリに載せなければなりません[9]。ファインチューニングは事前学習より小規模ではあるものの、やはりGPUのメモリは大量に必要です[10]。

　LoRA (Low-Rank Adaptation) は、そんなファインチューニングに必要なメモリを節約する手法です[11]。LoRAによって、一般的なGPU単体でも、以前より大きなモデルをファインチューニングできるようになりました。特に画像生成AIでは、LoRAで特定の絵柄やキャラクターを学習するのが普及しており、LoRAが画像生成の代名詞になるほどです[12]。

　LoRAは一言でいうと、モデルの学習前と学習後の差分を**低ランク近似**する手法です。まずは「低ランク近似」を簡単に説明しましょう。

■ 行列の低ランク近似

元の行列

0.77	1.40	0.83	0.88
-0.22	-0.14	0.44	2.15
-0.27	0.85	-0.02	0.75
-0.74	0.19	-1.05	0.04

低ランク近似

×	b_1	b_2	b_3	b_4
a_1	a_1b_1	a_1b_2	a_1b_3	a_1b_4
a_2	a_2b_1	a_2b_2	a_2b_3	a_2b_4
a_3	a_3b_1	a_3b_2	a_3b_3	a_3b_4
a_4	a_4b_1	a_4b_2	a_4b_3	a_4b_4

×	-0.12	-0.38	-0.35	-0.85
-1.66	0.20	0.63	0.58	1.41
-1.90	0.23	0.72	0.66	1.61
-0.92	0.11	0.35	0.32	0.78
0.35	-0.04	-0.13	-0.12	-0.30

元の行列に近くなるように紫の欄を埋める

　例えば4×4の行列は左図のように16個の数値で構成されます。一方、図の中央はa_1, a_2, a_3, a_4, b_1, b_2, b_3, b_4の8個の数値による九九の表のような掛け算で

---

[8] 行列は縦横の2方向に数値が並んだものですが、実際の深層学習では「テンソル」と呼ばれる、3次元的や4次元的に数値が並んだデータも使います。

[9] どうしてもGPUだけでは足りない場合は、モデルの一部をCPUで計算することもあります（CPUオフロード）。

[10] ファインチューニングで更新するパラメータを一部に制限し、メモリの節約や効果の調整を行うこともあります。

[11] Hu, Edward J., et al. "LoRA: Low-Rank Adaptation of Large Language Models." arXiv preprint arXiv:2106.09685（2021）.

[12] 画像生成AIの説明では「LoRAで画像生成する」といった表現が見られます。

表されています。この2つの行列が近くなるようにa_1たちを定めれば（右図）、元の行列が8個の数値で表される、という寸法です[13]。しかしよく見ると、図の元の行列と近似行列はあまり似ていません。数値の個数の減り具合も今一つです。

まず数値の個数があまり減らないのは、小さな行列で説明しているためです。4096×4096行列のような巨大な行列の低ランク近似は、4096×2個（2000分の1）の数値で表現できます。

次に近似の精度は、「ランク」で調整できます[14]。上の説明は、一番削減率が高く、精度が低いランク1に相当します。例えばランク16にすると、必要な数値の個数はランク1の16倍に増えますが、近似精度が上がります。16倍と言っても、4096×4096行列なら4096×2×16個なので、100分の1以下に減っています。ランクはGPUやNPUが高速に計算できる16や64など2のべき乗に設定されることが多いです[15]。

LoRAは、この低ランク近似をファインチューニングに組み込みます。単純に考えれば、モデルのパラメータ行列を低ランク近似すれば良いように思えますが、LoRAのポイントは学習前後の差分を低ランク近似する点にあります。

■ LoRAの概略

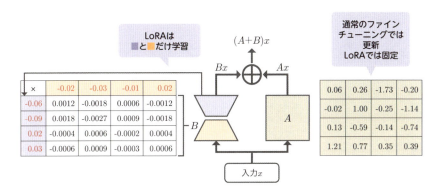

---

[13] 特異値分解によるランク1近似と、2乗誤差最小は同じ結果になります。
[14] ランクとは、一次独立な列ベクトルの個数です。
[15] 画像生成AIでは、一般ユーザでもLoRAが使えるツールが普及しています。LoRAのランクは、それらのツールで "Net Dim" などの名前で呼ばれています。

前ページの図ではAがモデルを構成するパラメータの行列に当たり、通常のファインチューニングはこれを更新します。この場合、更新するパラメータ数は16個です。LoRAではAは固定し、差分Bを低ランク近似して学習します[16]。Bは低ランク近似されているので、更新するパラメータ数は8個に減っています。

Bは差分なので、学習後のモデルの行列は$A+B$であり、入力xに対してこの層が出力すべき値は$(A+B)x$という行列の計算で表されます。これはAxとBxを別々に計算してから足した$Ax+Bx$と同じです。このような構成にすることで、GPUのメモリを節約し、より安価なGPUでモデルを動かせます。

しかし本当にこの工夫でメモリの使用量が減るのでしょうか？　普通のファインチューニングではAをメモリに読み込んで、Aを更新します。LoRAでは更新するのはBですが、差分には元の行列が必要なのでAもメモリに読み込まれます。すると一見、普通のファインチューニングに比べてBが増えた文、LoRAのほうがメモリを使っているようにも見えます。

ニューラルネットワークを学習するとき、GPUのメモリに置くのはモデルのパラメータだけではなく、勾配と最適化器も置く必要があります。これらはかなり大きなサイズになりますが、実は更新するパラメータの個数に依存します。LoRAは更新するパラメータ数を大幅に削減することで、勾配と最適化器の占めるメモリを小さくできるのです。

■ LoRAの使用するメモリ

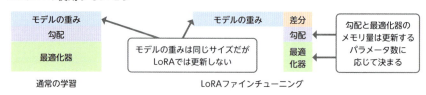

それならいっそAを低ランク近似してしまえば良さそうにも思えますが、実はそうすると壊滅的に精度が落ちます。LoRAがうまくいくのは、差分のBは

---

[16] 低ランク近似は、入力ベクトルの次元を一度減らしてから元の次元に戻す操作に相当します。差分側のネットワークBが砂時計のようなくびれた図形で表されるのは、この「低い次元に落としてから元の次元に戻す」という操作を表しています。

全体的に0にとても近い値であり、これを低ランク近似したときの誤差も小さいことが期待できるからです。

　LoRAのメリットはメモリの節約だけではありません。大規模言語モデルの学習は途中でパラメータがおかしな値になって失敗するといった不安定な挙動も多いのですが、低ランク近似で更新するパラメータを減らすと、学習が安定しやすくなり、かつ学習時間も短縮できます。

　また、LoRAモデルの配布サイズが小さくて済みます。画像生成モデルStable Diffusionのモデルサイズは4.3GB[17]であり、これを絵柄やキャラクターごとに取得するのは大変です。しかしLoRAによる差分なら例えば36MB程度[18]と1/100のサイズで済みます。LoRAの配布のしやすさは画像生成AI自体の普及の大きな後押しにもなっています。

　また、共通のベースモデルに対して複数のLoRAファインチューニングを同時に運用できます。通常のファインチューニングであれば、そのモデルで推論を行うには元のモデルと同じメモリが必要ですが、LoRAならば複数の差分を少ないメモリで動かせます。

　先ほど、Aはそのままでも節約になるという話をしましたが、でもやっぱりベースモデルが大きくなるとメモリが足りなくなります。そこで、ベースモデルを量子化（p.087参照）してファインチューニングするQLoRA[19]という手法もよく使われています。

まとめ

- ファインチューニングは基盤モデルに対する追加学習。少ない学習でさまざまなタスクやスタイルに対応可能。
- 省メモリでファインチューニングを行うLoRAなどの技術が活発に研究されている。

---

[17] Stable Diffusion v1.5のファイルサイズ。

[18] 画像生成AIでベンチマーク的に使われている神里綾華LoRAのファイルサイズ。

[19] Dettmers, Tim, et al. "QLoRA: Efficient Finetuning of Quantized LLMs." Advances in Neural Information Processing Systems 36（2024）.

Chapter 5 大規模言語モデル

36 コンテキスト内学習

大規模言語モデルは学習データに含まれる知識しか持ちません。そこで、新しい情報や特定の専門領域などの外部の知識を文脈情報としてモデルに提供することでそれら用いた文章の理解や生成を行う手法をコンテキスト内学習と言います。

● コンテキスト内学習（In-Context Learning）

　大規模言語モデルは、学習データに含まれていない最新の時事や、未公開の業務知識を持っていません。これらを用いた文書の理解や生成を可能にするためには、外部の知識をモデルに与える必要があります。代表的な方法として、コンテキスト内学習とファインチューニング（p.180参照）があります。ここではコンテキスト内学習を紹介します。

　具体例として、あなたの会社がECサイトを運営しており、サポート窓口用のAIチャットを提供するケースを考えてみましょう。そのままChatGPTを持ってきて話が済めばよかったですが、一般的な知識しか持たない大規模言語モデルは、あなたの会社の返品ルールを知りません。

 商品を買ってから2週間ですが、返品できますか？

 商品の返品に関しては、購入した店舗またはオンラインストアの返品ポリシーに依存します。一般的に、返品期限は購入後数日から数週間の範囲内で設定されていることが多いですが、店舗や商品の種類によって異なります。

　サポートのFAQ（よくある質問集）には次のような記述があり、質問への回答はこれに基づいて行ってほしいところです。

> Q: 返品ポリシーを教えてください。
> A: 購入から30日以内であれば、未使用の商品は全額返金いたします。

試しにこの情報を追加した次のようなプロンプトを大規模言語モデルに与えると、期待した回答を返してくれます。

> 必要に応じて以下のコンテキストを使って、質問「商品を買ってから2週間ですが、返品できますか？」に回答してください。
> ----
> Q：返品ポリシーを教えてください。
> A：購入から30日以内であれば、未使用の商品は全額返金いたします。

> はい、大丈夫です。弊社の返品ポリシーでは、購入から30日以内であれば、未使用の商品であれば全額返金いたしますので、お客様のご要望に応じて返品が可能です。

　このような文章の理解や生成に必要な情報を**コンテキスト**（文脈）といい、プロンプトにコンテキストを加えることで大規模言語モデルに外部知識を使った文生成を行わせることを**コンテキスト内学習**（In-Context Learning）と呼びます。「学習」と名前に付いていますが、機械学習の主流のアプローチである「学習データへの当てはまりがよくなるようにモデルのパラメータを更新する」とは異なっています[1]。とはいえ、コンテキスト内学習は経験（観測）を用いてタスクの精度を向上していることから、機械学習の本来の定義には即していますし、むしろ人間の「学習」に近いようにも感じられます。

まとめ

▶ 大規模言語モデルに適切な文脈を補うことをコンテキスト内学習と言う。コンテキスト内学習によって外部の知識を使った文章の理解や生成が可能になる。

---

[1] トランスフォーマーの注意機構により、モデルの線形層の重みパラメータに一時的な調整が入っていると見なせば従来の機械学習との整合性もある、という考え方もあります。（岡野原 大輔．『大規模言語モデルは新たな知能か ChatGPTが変えた世界』（岩波科学ライブラリー）．岩波書店．）

ファインチューニングし過ぎは厳禁

　ファインチューニングは、事前学習より圧倒的に少量のデータで学習をします。そのため、ファインチューニングを必要以上に行うとモデルが壊れて言語能力や知識が失われていきます。以下にローカルLLMを実際に過度にファインチューニングするとどうなるかの例を示します[2]。

質問	元のローカルLLM	過度にファインチューニング
富士山の高さは？	富士山の標高は3776mです。	高さは500mmmmmmmmmmmmmmmmmmmmmmmmmです。
人工知能をわかりやすく教えて	人工知能(AI)とは、コンピュータが人間と同じような知的な作業を行うことを指します。	人工の知能は、人の知能です。
イギリスの首都は？	イギリスの首都はロンドンです。	イギリスの都は、ロンドンです。

　この例は、あえて明らかに壊れる設定で学習していますが、実際のファインチューニングでは微妙に精度が下がるといった形で表れます。

　自社の製品に関する情報などのドメイン知識を大規模言語モデルに追加できると嬉しいですが、ファインチューニングで知識を与えるほどの学習回数を実施できないため難しいです。大規模言語モデルにピンポイントで知識の追加や更新を行う知識編集[3]やモデル合成[4]といった技術も研究されています。

---

[2] ELYZA-7Bをdatabricks-dolly-15k-jaで学習率=1e-3、ミニバッチサイズ=4、100ステップでファインチューニング。更新回数を増やす代わりに学習率を上げています。

[3] Zhang, Ningyu, et al. "A Comprehensive Study of Knowledge Editing for Large Language Models." arXiv preprint arXiv:2401.01286（2024）．

[4] Bansal, Rachit, et al. "LLM Augmented LLMs: Expanding Capabilities through Composition." arXiv preprint arXiv:2401.02412（2024）．

6章

トランスフォーマー

　この章では、ニューラルネットワークがどのようにして言語を理解し、生成できるようになったのか、その進化の過程をたどります。トランスフォーマーというモデルは、その性能と柔軟性から、AIの言語処理の分野で革命を起こしました。従来の方法と比べて、どのように効率的に文脈を捉え、自然な言語を生成できるのか、その仕組みを解説します。

Chapter 6 トランスフォーマー

37 回帰型ニューラルネットワーク（RNN）

文章はトークンの列で表現されますが、その長さは決まっていません。これをニューラルネットワークで扱うには、可変長の入力に対応できるモデルが必要です。

● ベクトルの次元

　一般的なニューラルネットワークモデルでは、入力と出力のデータの次元があらかじめ固定されています。**次元**とは、ベクトルの要素数のことです。例えば (2, 3, 5) のような3個の要素で表されるベクトルは3次元ですね。以下は2次元の画像データですが、各ピクセル（画素）の色や光の強さを数値化したものが8×8=64個あるので、ベクトルとしては64次元になります[1]。

■ 画像を表す 8 × 8 = 64 次元のベクトル

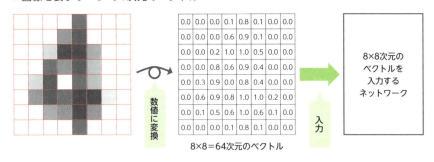

　画像処理のニューラルネットワークは入力画像の縦横のピクセル数が通常決まっており、異なるサイズの画像はリサイズしてネットワークに入力します。

---

[1] 画像のようなデータは1列のベクトルで解釈するより、8×8の形のままで扱ったほうが縦横の隣接情報が使えて精度が上がります。成分が複数の方向に並んだ量をテンソルといい、成分の並ぶ方向の個数をテンソルの階数といいます。ベクトルは1階のテンソル、行列は2階のテンソルと見なせます。

これをテキストに当てはめると、入力する文章の長さ（トークン数）をあらかじめ決めておくことに相当しますが、文章の長さは一定ではありませんし、画像のように単純にリサイズすることもできません。

　その問題に対処する方法の1つは、入力データの次元をあらかじめ大きく設定し、必要に応じてパディング（詰め物）を追加して入力データの次元を揃える手法です。パディングは、複数データを一度に処理するとき（ミニバッチ）、データ長を揃えるためによく用いられます。

■ パディングして可変長の入力に対応

| The | kitten | is | playing | with | a | ball | . |
| The | cat | sleeps | all | day | . | [PAD] | [PAD] |

入力文の長さを揃えるために"[PAD]"という特別なトークンで埋める

回帰型ニューラルネットワーク

　もう1つの方法が、可変長の入力を扱える専用のネットワークを用いることです。その代表格が**回帰型ニューラルネットワーク**（**RNN**: Recurrent Neural Network）です[2]。

■ RNNの基本構成

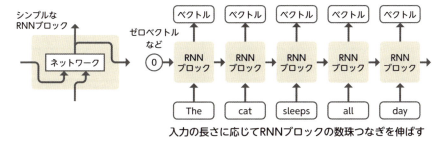

入力の長さに応じてRNNブロックの数珠つなぎを伸ばす

---

[2]　「再帰型」と訳されることもありますが、同じく「再帰型」と訳せて略記もRNNになるRecursive Neural Networkと混同します。中身もよく似ていますが、Recursive NNは木構造データを、Recurrentは系列データを対象とする点が異なります。系列データを枝分かれのない木構造と考えれば、Recurrent NNはRecursive NNの一種と言えます。

RNNでは、入力する系列の長さに合わせて「RNNブロック」と呼ばれるネットワークを数珠つなぎに並べます。この構成により、可変長を扱えるネットワークになります。

RNNブロックは系列の1要素に対する入出力と、前後のRNNブロックへの入出力を備えるニューラルネットワークで、系列の位置によらず同じパラメータを持ちます。例えば次項で解説するRNNによる言語モデルでは、RNNブロックに単語の埋め込みベクトルを入力し、確率分布を出力します。

基本構成図では、RNNブロックが1段ですが、実際のモデルでは複数のブロックが重なった層になります。層を増やすことで学習の難易度は上がりますが、モデルの表現力と精度が向上することが知られています。

層ごとにRNNブロックの接続を逆向きにすることで後ろの文脈も考慮できる双方向RNN[3]などの手法もあります。

■ RNNの構成例（多層RNN、双方向RNN）

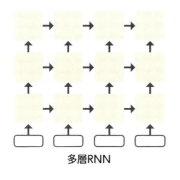
多層RNN

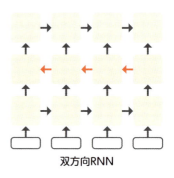
双方向RNN

● 言語モデルとしてのRNN

RNNを使って文生成のための自己回帰型言語モデルをどのように実現するのか、見てみましょう。

---

[3] Schuster, Mike, and Kuldip K. Paliwal. "Bidirectional Recurrent Neural Networks." IEEE transactions on Signal Processing 45.11（1997）: 2673-2681.

■ 言語モデルとしてのRNN

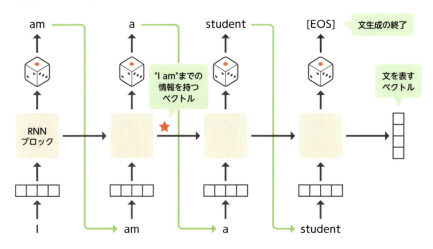

　RNNは典型的な自己回帰言語モデル（p.145参照）なので、一般的な方法で文生成を行う言語モデルとして扱うことができます。すなわち、各単語（トークン）をベクトルに変換してネットワークに入力し、出力された単語の確率分布（図ではサイコロのイメージで表しています）から次の単語を決定し、その単語を入力に追加することを繰り返します。そしてEOS（End of Sentence）という特別なトークンが出てきたら文生成を終了します[4]。

　RNNブロック間で渡されるベクトルには、その時点までの文の情報が適切に格納されていると考えられます。例えば上の図の★で渡されるベクトルは文章の"I am"までの情報が入っており、"I am a table"や"I am a mountain"とはならず、"student"や"Japanese"など、主語の「I（私）」と対応する文章の生成を期待できます。

　文の末尾のRNNブロックから出力されるベクトルは、文全体を表すベクトルと解釈することもできます。このように文をベクトルに変換する機能に注目して、**エンコーダー**（Encoder：符号化器）と呼ぶこともあります。

---

[4] 文の最初にBOS（Beginning of Sentence）という特殊トークンを入力する流儀もあります。

長距離依存性とLSTM

　ニューラルネットワークは深くなる（層の数が増える）と勾配消失などの問題が生じて学習が難しくなりますが（p.075参照）、実はRNNはその構造上とても深いネットワークになってしまうため、これらの問題が直撃します。RNNの図ではそれほど深くは見えませんが、実際には数珠つなぎが1つの層を構成するため、RNNは文の長さがそのまま深さになるネットワークなのです。

■ 本当は深いRNN

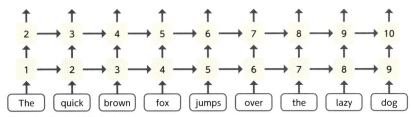

数値は文の先頭から数えた層の深さ

　RNNが深いネットワークであることにより、学習が難しいこと以外にも問題があります。RNNブロックは、前のブロックから受け取ったベクトルに、現在のトークンの情報を加えて次のブロックに送る操作を行います。そのベクトルにすべての文脈情報が格納されることが理想ですが、ベクトルの次元は固定なので、格納できる情報の量には自ずと限界があります。またRNNブロック内の計算によって失われる情報もあるでしょう。

　つまり、RNNは文章が長くなるほど情報を忘れやすくなる現象が起きます。具体的な例としては、"「"や"("などの括弧は開いたら閉じなければなりませんが、文章が長くなったり、括弧が入れ子になったりすると閉じ忘れるということがよく起きていました。また、日本語では主語は文の最初のほうに、述語は末尾にと距離が離れて配置されがちなので、正しい対応を取るのが難しいという問題もありました。自然言語処理では、こうした問題を**長距離依存性**（Long-range dependence）と言います。

　RNNブロックに長期記憶の役割を持つ「記憶セル」を設け、記録と忘却をコントロールする仕組みを組み込むことで、この長距離依存性の問題を解決し、

精度を大きく向上させたのが **LSTM**（長・短期記憶ネットワーク：Long Short-Term Memory）です。

■ LSTMの基本構成

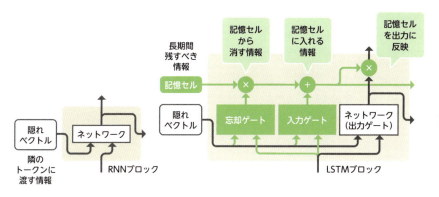

　図の右がLSTMブロックの構成です。シンプルなRNNブロックに対し、記憶セルと呼ばれる固定のベクトルを追加して、忘却ゲートと入力ゲート（これらもネットワークになっています）によって記憶セルに保持すべき情報を制御しています。LSTMの使い方はRNNネットワークのブロックをこのLSTMブロックに置き換えるだけです。

　この仕組みによって括弧の対応付けや、長距離の主語・述語対応などが正しく処理される確率が大きく上がり、自然言語処理の多くの問題がニューラルネットワークで高精度に解けるようになりました。この時期の自然言語処理の論文の多くがLSTMを採用しており、画像処理に少し遅れたものの、自然言語処理も完全に深層学習の時代を迎えました[5]。

　自然言語処理に劇的な進展をもたらしたLSTMでしたが、記憶セルも固定長のベクトルなので、文章が長くなると忘れやすくなる問題はやはり残っていました。特に複数の文をまたいだ文脈を正しく扱うのはLSTMでもまだ難しい問題でした。

---

[5] LSTMの長期記憶機構をシンプルにしたGRU (Gated Recurrent Unit) もよく使われます。Cho, Kyunghyun, et al. "Learning Phrase Representations using RNN Encoder-Decoder for Statistical Machine Translation." arXiv preprint arXiv:1406.1078（2014）．

エンコーダー・デコーダー

先ほど、RNNを文章からベクトルに変換するエンコーダーとして使う話を紹介しました。一方で、ベクトルを文章に変換する役割を持つのがデコーダー（復号器）です。エンコーダーとデコーダーを組み合わせることで、ある文章をベクトルに変換し、そのベクトルを元に新たな文章を生成するプロセスを実現できます。このように構成されたモデルが**エンコーダー・デコーダー**（Encoder-Decoder）です[6]。翻訳（翻訳元の文と翻訳後の文）や要約（長い元の文章と、短い要約文）のような、文を入力して別の文を出力するタイプのタスクに対応できます。

■ RNNによるエンコーダー・デコーダー

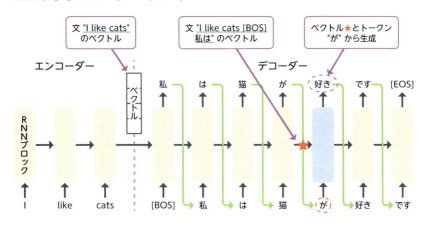

RNNでエンコーダー・デコーダーを実現する場合、上図のようにひとつながりのRNNモデルを考えます。例えば「I like cats」を「私は猫が好きです」に翻訳することを学習するには、「I like cats [BOS] 私は猫が好きです [EOS]」という文で学習します。

[BOS]は "Beginning of Sentence" の略で、[EOS]（End of Sentence）と同じくモ

---

[6] Encoder-Decoder は Sequence-to-Sequence（seq2seq）とも呼ばれます。

デルに指示を出すための特別なトークンです[7]。この[BOS]トークンを区切りと考え、その前をエンコーダー、その後をデコーダーと見なします。ただしエンコーダーとデコーダーでネットワークの構造が変わるわけではありません[8]。

"I like cats"をエンコーダー・デコーダーの仕組みで翻訳するには、翻訳したい文をエンコーダーに入力した後、デコーダーにつなげて[BOS]を送ります。その後はRNNブロックの出力を次単語の予測に用いて文を生成します。

前ページの図の例において、青いRNNブロックの働きを見てみましょう。このブロックには、前のブロックからの"I like cats [BOS] 私は猫"までの文脈を格納したベクトルと、トークン"が"からのベクトルが入力されます。これらの入力から、文脈内から動詞"like"の情報を抽出し、それを反映した単語「好き」を生成します。それを実現するには、エンコーダーが渡すベクトルに必要な情報が格納されている必要があり、またデコーダーはベクトルから適切なタイミングで情報を取り出す必要があります。この難しそうな処理をRNNやLSTMは意外とうまくこなしますが、文章が長くなると成功率が低下します。

まとめ

- RNNは可変長入力に対応した深いネットワークで、情報を忘却する問題がある。それを解決するLSTMは自然言語処理で広く使われた。
- エンコーダー・デコーダーは文章から文章へ変換するモデルで、翻訳や要約などのタスクを解く。

---

[7] 2つの文の区切りという意味で[SEP]（セパレータ）というトークンを使う流儀もあります。
[8] RNNブロックのパラメータは、エンコーダーとデコーダーで同じものを共有することもあれば、それぞれ別のパラメータを持つこともあります。

38 注意機構（Attention）

人間の認知では目や耳からの情報すべてを使うのではなく、その一部分に注意するという脳の機構を認知科学や心理学では注意機構（Attention）と言います。この注意機構をモデル化することでニューラルネットワークの精度が大きく向上しました。

● 人間の認知と注意機構

■ 映像からネコを見出すときの注目点

　例えば、この映像を見て猫が写っていると判断するとき、私たちはどの部分に注目しているでしょう。尖った耳と特徴的な目、丸い顔と鼻の形、ヒゲの生え方などから猫と判断できます。一方、背景や塀などは猫かどうかの判断に必要ない部分として無視されます。

　こうした判断に必要な部分に注目し、それ以外を適切に無視するという認知の性質を**注意機構**（Attention）、あるいは単に注意と呼びます。雑踏や飲み会などまわりに騒音がある中で、会話相手の声を自然と聞き取れる人間の性質は注意機構の例によく挙げられます[1]。

---

[1] https://ja.wikipedia.org/wiki/カクテルパーティー効果

注意機構の基本

注意機構の考え方自体は以前からもありましたが、2010年代中盤からニューラルネットワークへの組み込みが活発になりました。

現在の大規模言語モデルの注意機構は複雑なので、まずは単一の注意機構からなる **Memory Network** を紹介しましょう。Memory Networkは、質問に対して適切な情報を記憶から引き出して回答するモデルです[2]。

Memory Networkが取り組む問題は、以下のような情報が与えられた状況で、"Where is Daniel?"（ダニエルはどこにいる？）という質問文に対して適切に回答するという質問応答タスクです。

1. Mary moved to the bathroom.（メアリーはバスルームに移動した）
2. John went to the hallway.（ジョンは廊下に行った）
3. Daniel went back to the hallway.（ダニエルは廊下に戻った）

この問題を次のようなステップで解きます。まず、この情報の中から質問文に関係がある情報を探します。次に同じDanielについて言及している情報3を見つけます。そして、その文章の情報から "hallway"（廊下）を答える、というステップです。

Memory Networkは、この解法手順をニューラルネットワークの計算に落とし込みます。Memory Networkでは、関連する情報をメモリー（記憶）に蓄え、ユーザからの質問に対してメモリーを検索しながら回答します。

---

[2] 自然言語処理の多くのタスクは質問応答の形に帰着できるという考え方が示されており、汎用人工知能（AGI）への一歩として提案されました。注意機構やPosition Encodingなど、現在も通用するさまざまな技術が採用されています。ここではMemory Networkの2つ目のバージョンであるEnd-to-End Memory Networkを紹介します。Sukhbaatar, Sainbayar, Jason Weston, and Rob Fergus. "End-to-End Memory Networks." Advances in neural information processing systems. 2015.

■ Memory Networkのモデル概要

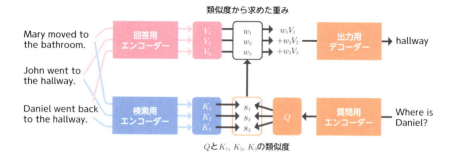

　Memory Networkでは、情報文をエンコーダー[3]によってベクトルに変換し記憶に蓄えます。このとき、1つの情報から検索用のベクトルと回答用のベクトルの2種類を用意するのがMemory Networkのポイントです。

　次に質問に回答する手順も見てみましょう。問い合わせられた質問文はやはりベクトル化されます。そして質問ベクトルで記憶を検索し、検索用ベクトルとの類似度の高い情報に注目します。そして、その情報の回答用ベクトルから回答を復元（デコード）することで、Memory Networkは最終的に回答するという流れです[4]。この「必要な情報を選んで注目する」仕組みが注意機構です。

　ではMemory Networkから注意機構の部分だけ取り出して見てみましょう。

　まず、3個の情報文はそれぞれ検索用エンコーダーと回答用エンコーダーでベクトルに変換され、メモリーに配置されます。こうした検索プロセスは、Key-Valueストア（KVS）と呼ばれるデータベースがモチーフとなっています。それに従って、検索用ベクトル（Key）はK_1, K_2, K_3、回答用のベクトル（Value）はV_1, V_2, V_3と記されます。ここで注意を向けたい情報がV_3になります。

---

[3] 前節でRNNを使ったエンコーダーを紹介しましたが、Memory Networkのエンコーダーはシンプルな「単語の埋め込みベクトルの総和」です。

[4] Memory Networkが対象とするタスクは、回答は1単語で、その語彙はあらかじめ決まっているという設定です。そのため、デコーダーも単語を1つ選択するだけという動きになります。今の大規模言語モデルを知ってからだと信じられないかもしれませんが、これでも10年前は十分難しい問題でした。

■ Memory Networkの記憶

	情報	検索（Key）	回答（Value）
1	Mary moved to the bathroom.	K_1	V_1
2	John went to the hallway.	K_2	V_2
3	Daniel went back to the hallway.	K_3	V_3

次に質問文（Query）"Where is Daniel?"についても同様に、検索用エンコーダーでベクトルQに変換します。Qと検索用ベクトルK_1, K_2, K_3それぞれとの類似度を計算します。類似度の一番高い情報が質問文に対する回答に役立つわけですね。このように、質問と関係のある情報の検索をベクトルの計算だけで済ませられます。

ただし、一番類似度が大きい情報を1つ選ぶという直感的にわかりやすい方法は採りません。後で説明する通り、その手法はニューラルネットワークの学習と相性が悪いためです。代わりに、類似度から計算した重み（全部足して1になります）を使った平均を用います[5]。

ここでは類似度から計算した重みがそれぞれ0.02, 0.04, 0.94となったとして話を進めます。このとき、回答用ベクトルV_1, V_2, V_3に対してその重みで平均を取るとは、次のような計算をすることになります。

$$V = 0.02V_1 + 0.04V_2 + 0.94V_3$$

このベクトルをデコーダーで復号して回答を得るのがMemory Networkの処理の流れであり、この計算手順はニューラルネットワークの注意機構そのものです。

---

[5] Memory Networkの最初のバージョンでは類似度最大の情報を選択していましたが、バージョンアップによって本文で書かれている手法に変更されました。類似度最大の情報を1つだけ選ぶ手法はハードな注意機構、重み平均を取る方法はソフトな注意機構と呼ばれます。現在、ハードな注意機構は基本的に使われません。

● エンコーダー・デコーダーと注意機構

次は注意機構をRNNのエンコーダー・デコーダー (p.198参照) に組み込む方法を紹介しましょう。

■ RNNによるエンコーダー・デコーダー (注意機構を組み込む前)

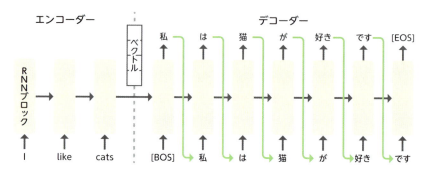

上の図は「I like cats」を「私は猫が好きです」に翻訳するときのエンコーダー・デコーダーの模式図です。エンコーダー・デコーダーでは、翻訳したい文「I like cats」に続けて[BOS]をRNNに入力し、その次の予測単語を翻訳文の最初のトークンと見なして文生成を続けると翻訳文が生成されます。

このとき、「私は猫が」のあとに続く単語「好き」を予測するにあたって、翻訳元の文の動詞の情報をエンコーダー・デコーダーの長いネットワークで正しく伝播することを期待するのではなく、注意機構で直接参照する仕組みにします。

具体的には、まず「私は猫が」までを入力したRNNブロック (次ページの★の付いたブロック) の出力から質問ベクトルQを作ります。そして翻訳する元の文章の各トークン、つまりエンコーダー部分のすべてのRNNブロックから検索用キーKと値Vを作りましょう。あとはMemory Networkと同じように注意機構で出力ベクトルを計算します。この場合、"like"から作られたK_2とQの類似度が高く、したがって、V_2の重みが大きくなる、という処理が期待されます。

■ RNNエンコーダー・デコーダーと注意機構

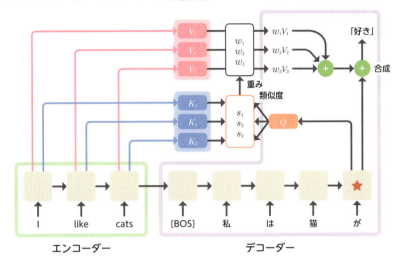

　ただし注意機構は、参照するトークン数に応じて計算時間が増えるデメリットがあります。それによりトークン数が2倍になると計算時間は4倍になります。また注意機構が参照するブロックの計算結果を保持するため、必要メモリも文の長さに応じて増えます。こうしたデメリットを解消するために、注意機構の高速化やメモリの効率化についても研究が進められています[6][7]。

> **まとめ**
> - 注意機構は重要な情報に注目する認知の仕組みをニューラルネットワークでモデル化したもの。
> - エンコーダー・デコーダーモデルに注意機構を組み込むことで、大きく精度が向上した。

[6] Child, Rewon, et al. "Generating Long Sequences with Sparse Transformers." arXiv preprint arXiv:1904.10509（2019）.
[7] Dao, Tri, et al. "FlashAttention: Fast and Memory-Efficient Exact Attention with IO-Awareness." Advances in Neural Information Processing Systems 35（2022）: 16344-16359.

Chapter 6 トランスフォーマー

39 注意機構の計算

注意機構が何故うまく働くのかを理解するには、その計算方法を知る必要があります。

◉ 注意機構の計算

注意機構は以下の3つの計算で実現されます。

1. 検索キー K、値 V、質問 Q の計算
2. K と Q の類似度の計算
3. 類似度から計算した重みで V を平均

1. 検索キー K、値 V、質問 Q の計算

RNNブロックの出力から、簡単な行列計算で K, V, Q をそれぞれ求めます。簡単な行列計算とは、ベクトル (x_1, x_2) から (y_1, y_2) を以下のように計算することを指します。ただし、実際のベクトルの次元は4000次元や16000次元など、ものすごく多いです。

$$\begin{cases} y_1 = ax_1 + bx_2 \\ y_2 = cx_1 + dx_2 \end{cases}$$

a, b, c, d がこのステップのパラメータに相当し、K, V, Q ごとに独立してパラメータを持ちます。もっと複雑な計算に置き換えても注意機構は成立しますが、この簡単な行列計算で十分な精度が出ることが知られています。

■ RNNブロックから検索キーK、値V、質問Qを計算

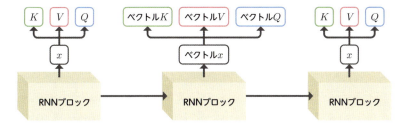

2. KとQの類似度の計算

　注意機構の類似度には、当初さまざまな計算方法が提案されていましたが、現在では最もシンプルな**内積注意機構**（Dot-Product Attention）が広く使われています。具体的には、ベクトルKが(k_1, k_2, k_3)、Qが(q_1, q_2, q_3)なら、類似度は以下のように計算します。

$$s = k_1 q_1 + k_2 q_2 + k_3 q_3$$

　この計算はベクトルの内積（dot product）に当たります[1]。ベクトルの内積は、ベクトル同士が似ている（同じ方向を向いている）ほど大きな値になりやすいという特徴があります[2]。

■ KとQの類似度の計算

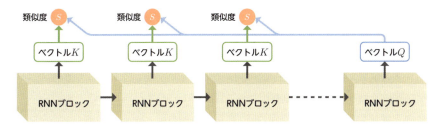

[1] 系列が長くなると、この内積計算の項の数が増え、分散が大きくなります。現在の大規模言語モデルは、ローカルLLMでも系列長が1万を超えており、分散の増大が無視できないため、この式を系列長の平方根で割って分散を調整したScaled Dot-Product Attentionが主に採用されています。

[2] 内積を両ベクトルの長さで割ったものは、ベクトルのなす角のコサイン（余弦）に等しくなります。その値をコサイン類似度と言い、ベクトル同士の類似度として用います。

3. 類似度から計算した重みで V を平均

　注意機構の出力は、類似度の最も高い情報の値ではなく、類似度を使って計算した重み付き平均になります。その「重み付き平均」とは何でしょう？

　例えば学校の試験でAクラスの平均点が60点、Bクラスの平均点が70点のとき、「2クラスの平均点」は(60+70)/2=65点です。しかし実はAクラスは30人、Bクラスは20人だとしたら、単に足して2で割るのは良くなさそうです。

　Aクラス30人の平均点が60点ということは、総点数は30×60=1800点です。同様にBクラスの総点数は20×70=1400点です。これを合計人数で割ると、全体の本当の平均64点が得られます。この人数に当たる数値を各クラスの重要度（全体に与える影響の大きさ）と考えたものが重み付き平均です[3]。

$$\frac{30 \times 60 + 20 \times 70}{30 + 20} = \frac{3200}{50} = 64$$

　この重み付き平均の式について、先に割り算を計算すると、以下のように係数の和が1になる式になります。

$$\frac{30 \times 60 + 20 \times 70}{30 + 20} = \frac{30}{50} \times 60 + \frac{20}{50} \times 70 = 0.6 \times 60 + 0.4 \times 70$$

　このように重みの値 w がすべて0以上で足して1であれば、重み付き平均は $w_1 x_1 + w_2 x_2 + w_3 x_3$ のような形で計算できます[4]。これはニューラルネットワークでよく出てくる形の式です。類似度の計算も同じ形でしたね。

　しかし類似度はマイナスになる場合もありますし、足して1にもならないので、そのままでは重みに使えません。そこでその条件を満たすため、**ソフトマックス関数**が用いられます。ソフトマックス関数は、文生成にて単語スコアを確率に変換する式（p.149参照）の、温度が1のときと同じものです[5]。

　例えば質問と3つの情報との類似度がそれぞれ s_1, s_2, s_3 であるとき、3つの

---

[3] 重要度が均等な場合は通常の平均（算術平均と言います）に一致します。

[4] この条件を満たす式を凸結合と言います。これは離散な確率分布に対する期待値の定義とも一致します。

[5] 温度を限りなく0に近づけると最大値のあるところだけが1で、残りが0になります。これをハードマックスといいます。

情報の重みはそれぞれ次のように計算します。

$$w_1 = \frac{e^{s_1}}{e^{s_1}+e^{s_2}+e^{s_3}}, w_2 = \frac{e^{s_2}}{e^{s_1}+e^{s_2}+e^{s_3}}, w_3 = \frac{e^{s_3}}{e^{s_1}+e^{s_2}+e^{s_3}}$$

e^{s_i} はいわゆる指数関数で、e はよく使われる定数2.718です。倍々に増えていくような速い増加ペースを「指数関数的に増加する」と言うように、指数関数はわずかな差でもとても大きくなります。そのため、ソフトマックス関数で計算された重みはどれか1つだけが1に近くなり、残りは0に近くなりやすいです。つまり重み付き平均といいつつ、実質的には1個のお目当ての情報をピックアップする仕組みです。

$$重み付き平均 = w_1V_1 + w_2V_2 + w_3V_3$$

最後に、注意機構で計算した重み付き平均と、元のRNNブロックの出力を足し算します。これで注意機構の計算は完了です。

■ Vの重み付き平均と元のブロックの出力の和を取る

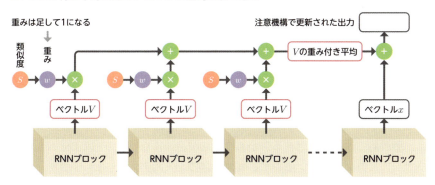

◯ 注意機構がうまく動く理由

注意機構の計算は一見複雑ですが、そのほとんどが単純な掛け算と足し算で構成されています。こんな簡単な計算が「注意」という高度な働きをちゃんとしてくれるのか不安に感じるかもしれません。そこで、ニューラルネットワークがどのようにして文脈を把握し、正確な単語を予測するための特性を学習す

るのか、そのプロセスを具体的に見ていきましょう。

　以下の2文の翻訳を学習させる例で考えます。人間には難しくないですが、動詞によって助詞が変わるというコンピュータにとっては厄介な翻訳です。

英語	日本語
I have a cat	私は猫を飼っている
I like a cat	私は猫が好き

■ 注意機構の学習

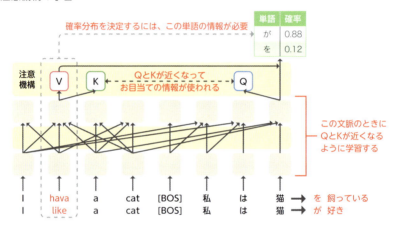

　上の図は、この2文を注意機構を持つRNNに入力して、「私は猫」に続く単語を学習しているところの模式図です。正しい単語を予測できるようになるには、翻訳前の動詞に注目するしかありません。つまり、上の図のQとKが似ていて、注意機構が動詞に由来する情報Vをピックアップしてほしいです。

　ニューラルネットワークの学習とは、期待した結果に近づくようにパラメータをわずかずつ更新していくことでした。つまりこの場合、与えられたテキストの文脈でQとKが類似するようにパラメータが更新されます。パラメータの更新量はわずかで、1回の更新では正解のVがピックアップされるところまで行かないでしょうが、膨大でバリエーション豊かなテキストで何万回、何億回も更新しているうちに、こういった言語のルールを学習していって、まさに期待通りの計算が行われるようになります。

注意機構が「類似度最大の1個を採用」ではなく「類似度から計算した重み付き平均」を使うのもこの学習のプロセスに関係があります。重み付き平均に類似度が入っていることで、ロスの計算に間接的に類似度が含まれます。これを最適化することで、類似度が期待した役割を果たすように、つまりKやQが望ましいベクトルになるように全体の計算が調整されます。

　もし類似度最大を選ぶ注意機構を採用していたら、類似度の値はロスの計算に間接的にも含まれないため、これを最適化しても類似度が望ましい値になるような更新は行われません。

ニューラル翻訳登場のインパクト

　LSTMで構成したエンコーダー・デコーダーに注意機構を組み合わせることで、自然言語処理のさまざまなタスクが今までよりはるかに高い精度で解けるようになりました。特に機械翻訳の精度は人間の平均値を超えましたが、元の文章にない表現が訳文に現れたり（今で言うハルシネーション、p.272参照）、実用には解決するべき問題がまだある認識でした。

　そんな中、2016年にGoogle翻訳が発表したばかりのニューラル翻訳（8層の双方向LSTMに注意機構を組み込んだエンコーダー・デコーダー）に置き換わったのは本当にびっくりしました[6][7]。「大丈夫？　まだ早すぎない？」という感じです。聞いた瞬間の驚きで言えば、ChatGPT登場のインパクトを超えていたかもしれません。

　ニューラル翻訳の登場は、一般の人でも深層学習による自然言語処理の恩恵を受けられるようになったエポックメイクな出来事だったと言ってもいいでしょう。

まとめ

- 注意機構の計算は類似度に基づく重み付き平均を用いることで、誤差逆伝播法による適切な最適化が期待できる。

---

[6] Google Japan Blog: Google 翻訳が進化しました。　https://japan.googleblog.com/2016/11/google.html

[7] Wu, Yonghui, et al. "Google's Neural Machine Translation System: Bridging the Gap between Human and Machine Translation." arXiv preprint arXiv:1609.08144（2016）．

Chapter 6　トランスフォーマー

40 トランスフォーマー（Transformer）

ChatGPTの名前の由来となっている大規模言語モデルGPTは "Generative Pre-trained Transformer" の略です。GPTも含め、現在主流の生成AIの多くがトランスフォーマーをベースとしています。

● トランスフォーマーの基本構成

　前節で解説したRNN（LSTM）に注意機構を組み込んだモデルを見て、「注意機構で文脈を参照できるなら、RNNの横向きの矢印はなくてもいいんじゃない？」と思った人も中にはいるかも知れません。まさにその発想で提案されたモデルこそが**トランスフォーマー**（Transformer）です。

　トランスフォーマーはもともと "Attention Is All You Need"（注意機構だけでよかった）という洒落たタイトルの論文で提案された機械翻訳用の言語モデルです[1]。このタイトルは、当時の自然言語処理を席巻していたLSTMに対して、RNNの繰り返し構造（横向きの矢印）は不要で、注意機構だけでよかったんだ、とちょっと茶化したニュアンスを含んでいます。その後のトランスフォーマーの発展からエポックメイクな論文となり[2]、"〜 Is All You Need" というタイトルの論文が今でもたくさん生まれています。

　ではトランスフォーマーがどのようなモデルか、RNN＋注意機構と比べてみましょう。右ページの図は、RNNとトランスフォーマーそれぞれについて入出力3トークンずつで描いた簡単な模式図になります。これだけ簡単なネットワークでも、注意機構による関係はすべてのノードの間に相互に存在するため、それを全部描くと図が線で埋まってしまいます。そのため、それぞれの2トークン目（水色のノード）の計算に直接関係する注意機構のみを赤い矢印で示しています。

---

[1] Vaswani, Ashish, et al. "Attention Is All You Need." Advances in neural information processing systems 30 (2017).
[2] "Attention Is All You Need" の論文引用数は11万を超えています（2024年2月現在）。

■ RNNとトランスフォーマーの基本構成図

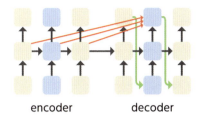
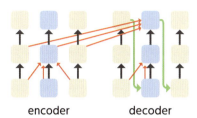

　RNN＋注意機構とトランスフォーマーの主な相違点は以下の通りです。順に見ていきましょう。

1. 再帰（横向き矢印）の代わりに自己注意機構
2. トランスフォーマーのブロックはシンプルな構成
3. トランスフォーマーのエンコーダーは並列計算が可能
4. トランスフォーマーのデコーダーの注意機構は後方を参照しない

　図からわかる2つのモデルの一番の違いは、RNNでは隣接するトークンのネットワークが横方向の矢印で数珠つなぎになっているのに対し、トランスフォーマーでは隣同士をつなぐ矢印はなくなり、トークン間の文脈の参照は注意機構のみで行っています。

　デコーダー側からエンコーダーを参照する注意機構については、RNNとトランスフォーマーで共通しています。さらにトランスフォーマーではデコーダー内、エンコーダー内のそれぞれで文脈を参照する注意機構が追加されています。この自分自身を参照する注意機構を**自己注意機構**（Self Attention）、それと区別するためにデコーダーからエンコーダーを参照する注意機構を**交差注意機構**（Cross Attention）と言います。

　RNNとトランスフォーマーではブロックにも違いがあります。RNNでは長い系列の間に情報を失わないため、LSTMブロックのような長期記憶の仕組みが必要でしたが、トランスフォーマーでは注意機構で直接参照しますからその心配がありません。そのためトランスフォーマーのブロックは多層パーセプト

ロン（MLP）とバッチ正規化層（p.075参照）を残差接続（p.078参照）しただけのシンプルな構成で済み、その分の計算時間を多く積み重ねたブロックに使うことで、表現力と精度を高めることに成功しました。

■ シンプルなトランスフォーマー・ブロック

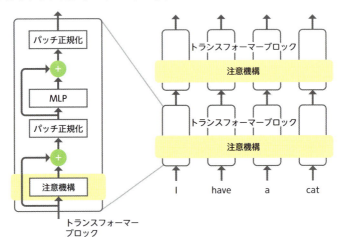

　RNNでは前のブロックを計算しなければ次のブロックが計算できないため、計算時間は文の長さに依存します。一方、トランスフォーマーのエンコーダーでは、すべてのトークンのブロックを並行して計算できるため、GPUの並列計算の範囲に収まれば、文の長さによらずに高速に計算できます。ただ現在では、トランスフォーマーのデコーダー側単独での利用が多く、扱う文もGPUの並列計算に収まらないほど長いため、文の長さに応じた計算時間が必要となっています。

　また、デコーダーの自己注意機構では後ろのトークンを参照しません[3]。後ろのトークンを参照してしまうと自己回帰型ではなくなり、文生成のパフォーマンスが大幅に低下するためです。

---

[3] 後方を参照する重みを強制的に0にします（Attention Mask）。

◉ 位置エンコーディング

　トランスフォーマーの「文脈の参照をすべて注意機構で行う」という発想はわかりやすいですが、注意機構は単語の順序を考慮しないという問題があります。このままではトランスフォーマーは "Alice likes Bob" と "Bob likes Alice" を区別できません。

　そこでトランスフォーマーは、トークンの埋め込みベクトルと同様に、位置もベクトルで表現しました。この位置を表すベクトルを**位置エンコーディング**（符号化された位置）と言います。ネットワークとしては、各位置に対応するベクトルと、トークンの埋め込みベクトルを単純に足し算するだけです。

■ 位置エンコーディング（絶対位置）

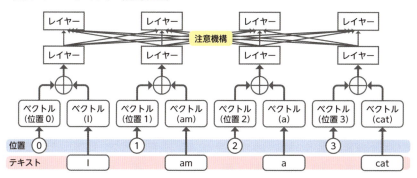

　原始的な位置エンコーディングでは、単語を適切に表現する埋め込みベクトルと同様に、位置を適切に表すベクトルも学習で決めます。深層学習らしい発想ですね。Memory Network（p.201 参照）はこの方式です。

　トランスフォーマーのオリジナル論文では、回転角度の異なる複数のベクトルを連結したものを位置エンコーディングとして採用していました。これは学習しない固定のベクトルでしたが、現在は位置エンコーディングを学習するタイプのほうが主流です。

　これらの位置エンコーディングが表すのは絶対位置であり、学習でその位置に出現しなかった単語は精度が下がったり、学習データ以上の長さの文は扱えなかったりします。

そこで最新の大規模言語モデルでは相対位置エンコーディングが主流です[4]。この場合、ネットワークの入口で加算するのではなく、各注意機構において、QとKの相対位置をKとVの計算前に加える形になります。

● マルチヘッド注意機構

話は急に変わりますが、パソコンのハードディスクがどのような仕組みで動いているかご存知でしょうか？　高速回転している磁気ディスクには同心円状に情報が記録されており、アームに付けられた磁気ヘッドがお目当てのところまで動いて情報をピックアップするようになっています。

■ ハードディスクと読み取りヘッド

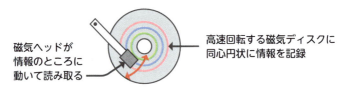

トランスフォーマーの高い精度に大きく寄与したもう1つの工夫である**マルチヘッド注意機構**（Multi-Head Attention）は、名前の通り、情報を読み取りに行くヘッドが複数ある注意機構です。

前節の解説の通り、注意機構の重み付き平均は1個だけが大きくなりやすく、実質的には1個の情報をピックアップする仕組みです。つまり複数のトークンの情報を参照するなら、独立した注意機構を2個に増やせばいい、というシンプルな考え方がマルチヘッドです。例えばヘッドを2個に増やすならQ, K, Vのベクトルの次元を全部半分ずつにして、各ヘッドの出力を連結したものをマルチヘッド注意機構の出力とします。これにより、パラメータ数を増やすことなく読み取りヘッドを増やせます。実際の大規模言語モデルでは16個や32個のマルチヘッド注意機構が使われています。

---

[4] Su, Jianlin, et al. "RoFormer: Enhanced Transformer with Rotary Position Embedding." Neurocomputing 568 (2024): 127063.

■ マルチヘッド注意機構

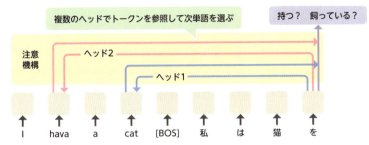

上の図は"I have a cat"を翻訳しているところを表します。動詞"have"を素直に訳すと「持つ」ですが、目的語が"cat"なので、ここは「飼っている」と訳すべきでしょう。つまりこの文を正しく訳すなら、"have"と"cat"の両方同時に注目する必要があります。言語では意味の解釈や文の生成を正しく行うにはそうした複数の文脈を扱う必要があることはとても多く、マルチヘッド注意機構はそうした場面で役に立ちます。

日本語の場合は、もっと深刻な理由でマルチヘッドが必要不可欠です。多くの大規模言語モデルでは日本語は単語単位どころか、1つの文字すら複数のトークンに分かれることが珍しくありません。すると、複数のトークンを拾ってようやく何の単語かわかるようになります[5]。

> **まとめ**
> - トランスフォーマーは注意機構により文脈を直接参照するエンコーダー・デコーダーモデル。
> - 位置エンコーディングとマルチヘッド注意機構などの工夫により高い精度を実現。

---

[5] シングルヘッドでも、複数の層でトークンの情報を集約することで、複数トークンにまたがる意味を扱えます。ただ、やはりヘッド数が適切なほうが精度は高いようです。

Chapter 6 トランスフォーマー

41 BERT

BERTは、後の大規模言語モデルの特性であるパラメータの多さと基盤モデル的振る舞いを備えたモデルです。BERTは自然言語処理にいくつものブレイクスルーをもたらしました。

● BERT（バート）の特徴

BERT（Bidirectional Encoder Representations from Transformers、トランスフォーマーからの双方向エンコーダー表現）は、現在も続く基盤モデル（p.137参照）のアプローチを確固たるものにした画期的な言語モデルです[1]。BERTの衝撃は本当にすさまじく、当時の自然言語処理の論文のほとんどでBERTが使われていたと言っていいほどの勢いがありましたし、「BERT以前」「BERT以後」という言い方がよくされるほどでした。

■ BERTによる基盤モデルとファインチューニング

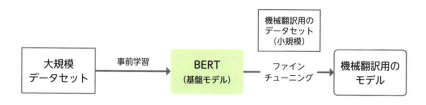

BERTは、トランスフォーマーのエンコーダー部分をそのまま利用したモデルです。つまりBERTの特徴はモデルの構造ではなく、事前学習（p.174参照）とファインチューニング（p.180参照）の学習フレームワークを確立した点にあります。

---

[1] Devlin, Jacob, et al. "BERT: Pre-training of Deep Bidirectional Transformers for Language Understanding." arXiv preprint arXiv:1810.04805（2018）.

● BERTの事前学習

BERTの事前学習は、"Masked Language Model"と"Next Sentence Prediction"の2種類の自己教師あり学習（p.174参照）からなります。つまり、教師なしのデータから乱数などを使って生成した教師ありデータを用いて学習することで、大量のデータから低コストで精度の高い学習を行います。

Masked Language Model（マスクされた単語の予測）

Masked Language Model（マスクされた言語モデル）は単語の穴埋め問題を解かせる学習方法です。学校のテストで、文章の一部が空欄になっていて、適切な単語を選べという問題がよくありますよね。まさにそのイメージです。

テキストのいくつかの単語をランダムに選び、[MASK]という特別なトークンに置き換えてモデルに入力します。モデルは[MASK]の位置に入る単語の予測を出力します。これが元の単語になるように学習します。

■ BERTの事前学習（Masked Language Model）

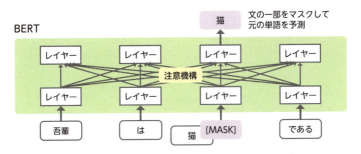

図では、"吾輩は猫である"という文の"猫"をマスクしてBERTに入力しています。ここで、[MASK]の位置の出力が正解の"猫"になるようにモデルのパラメータを学習します。

この学習を大量のテキストに対して繰り返すことで、BERTは各単語がどのような文脈で使われるかを理解できるようになります。Word2Vec（p.119参照）も文脈（一緒に使われる単語）から学習していましたが、単語の順序は無視していました。BERTでは、語順も含めた文脈を元に学習します。

Next Sentence Prediction（NSP, 次の文の予測）

BERTのもう1つの事前学習、**Next Sentence Prediction**（次の文の予測）では2つに分割した文章を入力し、その文章が続いているかどうかを予測します。

例えば「ジョギングを始めた」という文章の後に続くとしたら、次のどちらの可能性が高いでしょう。

A. 傘をさした。　　B. 汗をかいた。

文Aの可能性も絶対ないとは言えませんが、やはり文Bのほうが自然ですよね。Next Sentence Predictionは、このような「この文は続く/続かない」を学習します。ただしこれも自己教師あり学習なので、正解データを用意するのではなく、通常の文章から学習用のデータを作ります。

■ BERTの事前学習（Next Sentence Prediction）

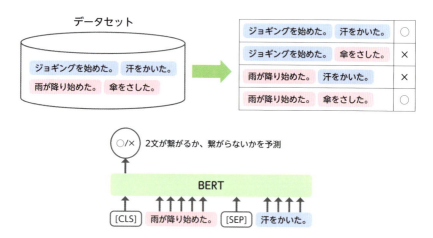

まずデータセットの文章それぞれを前後に分けて、もともとの文の組を正解データ、ランダムに選んだ組を不正解データとします。ランダムな文章がつながってしまう可能性も考えられますが、実際に使われるデータはここの例よりももっと長い普通の文章であり、その確率は極めて低いため精度への悪影響は心配ありません。

このデータをBERTに入力するとき、[CLS]と[SEP]という特別なトークを付与します。[CLS]は分類（classification）、[SEP]は文の区切り（separation）の意味です。BERTは、先頭に[CLS]を入力されたときは、[SEP]で区切られた前後の文章についてPositive（続く）とNegative（続かない）のどちらかを出力するように学習します。

　このような学習を通じて、BERTは文の流れや論理的なつながりを理解する能力を獲得します。

　BERTの2種類の事前学習はいずれも自己教師あり学習であり、学習データは収集された通常のテキストで済んでいます。そのため低コストで大量のデータセットを用意することが可能で、BERTの精度向上につながっています。

　BERTのもう1つの特徴として、前後すべての単語を見て学習するので、より文脈を捉えた形で単語や文章を扱えることが期待できます。このように文章の前からだけではなく後ろからの依存性も考慮しているモデルを双方向性があると言います。モデルに双方向性がほしいときは、双方向RNN（p.194参照）が使われていましたが、双方向RNNはネットワークの深さの問題（p.196参照）が悪化するため、学習が難しく計算時間も増大するデメリットがありました。BERTはそうした問題も解決できました。

まとめ

- **BERTはトランスフォーマーのエンコーダー部分を取り出したモデル。**
- **自己教師あり学習によって、言語の知識を持つ基盤モデルとしての役割を果たす。**

Chapter 6 トランスフォーマー

42 GPT (Generative Pre-trained Transformer)

OpenAIの大規模言語モデルであるGPTシリーズは、自然言語による指示でさまざまなタスクに対応できる画期的なモデルです。ChatGPTのエンジンとなり、生成AIブームを牽引しました。

● GPTモデルの基本構造

GPT (Generative Pre-trained Transformer) は、トランスフォーマーのデコーダー部分を利用した、テキスト生成タスクに特化した自己回帰型の言語モデルです (p.145参照)。エンコーダー部分がないので、デコーダーからエンコーダーを参照する交差注意機構はなく、自己注意機構のみの構成になります。

GPTには1から4までのバージョンがあります。

■ GPTのバージョン

GPT バージョン	発表年月	モデルサイズ
GPT	2018年6月	0.1B
GPT-2	2019年2月	1.5B
GPT-3	2020年6月	175B
GPT-3.5	2022年3月	350B
GPT-4	2023年3月	未公表（1.8T?）

GPTのバージョンが上がるたびに、そのモデルのサイズが増加しています。もともと深層学習のモデルは巨大でしたが、さらに桁違いに大規模なGPT-3は、自然言語の指示に従う能力を示し（創発性、p.141参照）、現在も続く生成AIブームの先駆けとなりました。そして後継のGPT-3.5はChatGPTの中核のエンジン

となりました[1]。

■ GPT (Generative Pre-trained Transformer) の基本構成

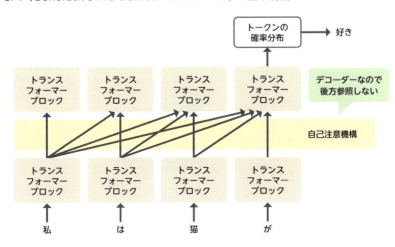

　基盤モデルとしての確立はBERTが先でしたが、その汎用性は追加学習（ファインチューニング）ありきのものでした。GPT-3はコンテキスト内学習（p.188参照）により自然言語でタスクの指示ができる汎用性を獲得しました。

　GPT-3までのモデルはトランスフォーマーのデコーダーそのものであり、目新しい構造はありません。GPT-2とGPT-3の違いはほぼパラメータ数だけと考えられています。スケーリング則（p.140参照）の示すモデルサイズ・学習データ量・学習時間によってコンテキスト内学習が可能となったことを示し、自然言語処理に衝撃を与えました。

　GPT-3以降はモデルの詳細が徐々に公開されなくなり、GPT-4は公式にはモデルの構造に関する情報は一切公開されていません。リーク情報によれば、GPT-4は後述のMixture of Expertsを採用した1.8T（兆）パラメータのモデルだと言われています。

---

[1]　なお、GPT-3.5のパラメータ数は355Bとよくいわれていますが、公式には発表されていません（GPT-3.5のパラメータ数の謎 https://okumuralab.org/~okumura/misc/230613.html）。

◯ Mixture of Experts

　GPT-3が「トランスフォーマーのデコーダー部分をベースとした自己回帰言語モデル」のポテンシャルを示したことで、同種の構造を持つ派生モデルがいくつも生まれています。Meta社のLlamaシリーズ[2]やMistral AI社のMistral[3]、EleutherAIのGPT-NeoX[4]など、枚挙にいとまがありません。これらは活性化関数や位置エンコーディングなど、それぞれ独自の工夫により精度や学習の安定性の向上を図っています。

　言語モデルの知識を増やして賢くする試みも数多く行われています。トランスフォーマー・ブロックの多層パーセプトロン（MLP）のパラメータに言語の知識が格納されると考えられており、MLPのパラメータ数を増やすことが言語モデルを賢くするための王道になります。しかしスケーリング則によれば、パラメータを増やした上で、データと学習時間も増やす必要がありました（p.140参照）。つまり学習コストが跳ね上がります。

　とても賢いモデルが得られるなら、多大なコストをかけて学習する価値はあるでしょう。しかし、パラメータの多いモデルは推論でも計算コストがかかります。学習に比べれば低コストではあるものの、こちらは使うたびにかかるので、実は推論もコスト問題は深刻です。

　まさにその問題の解決策の1つが**MoE**（**Mixture of Experts**）です[5]。MoEはパラメータを増やしつつ、推論や学習の計算時間を抑えられるモデルです。"Mixture of Experts"という名前から、大規模言語モデルを使ったエキスパートシステム（複数の大規模言語モデルがそれぞれ得意分野を持ち、入力文のジャンルごとに専門家モデルが割り当てられて回答）を想像する人もいるかもしれませんが、MoEはそのイメージ通りのものではありません。

　右ページの図はMoEの基本的な構成です。通常のトランスフォーマー・ブロックに対し、MLPが複数並列になり、入口にゲートと呼ばれるネットワー

---

[2] https://llama.meta.com/

[3] https://mistral.ai/technology/

[4] Black, Sid, et al. "GPT-NeoX-20B: An Open-Source Autoregressive Language Model." arXiv preprint arXiv:2204.06745（2022）．

[5] Baldacchino, Tara, et al. "Variational Bayesian mixture of experts models and sensitivity analysis for nonlinear dynamical systems." Mechanical Systems and Signal Processing 66（2016）: 178-200.

クが置かれます[6]。

並列のMLPの個数はモデルを設計するときに決めます。ここでは4個で説明します。

■ Mixture of Expertsの模式図

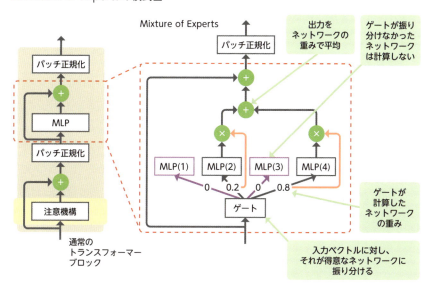

4個のMLPはそれぞれ得意なベクトルがあり、これがエキスパート（専門家）の役割になります。ゲートは入力されたベクトルに対し、配下のMLPごとの重み（得意な度合い）を計算、上位2個のMLPに処理を振り向けます。最後にMLPの出力に対し重みで平均します。これを通常のトランスフォーマー・ブロックのMLPの代わりに行うのがMoEの処理になります。

MoEのポイントは、実際に処理を振り向けたMLPしか計算しないことです。これにより、言語の知識を格納するMLPのパラメータを4倍に増やしながら、計算の量は2倍で済ませられます。

代表的なオープンライセンスのMoEモデルにMixtral-8x7Bがあります[7]。

[6] Fedus, William, Barret Zoph, and Noam Shazeer. "Switch Transformers: Scaling to Trillion Parameter Models with Simple and Efficient Sparsity." Journal of Machine Learning Research 23.120 (2022): 1-39.

[7] Mixtral of experts | Mistral AI | Frontier AI in your hands　https://mistral.ai/news/mixtral-of-experts/

Mixtral-8x7Bは、7Bサイズのモデルと比べてMLPのパラメータ数（≒格納できる知識の量）が8倍に増えたMoEモデルです。この名前からパラメータ数は56Bだろうと思いたくなりますが、注意機構の層などは8倍になっていないため、実際のパラメータ数は47Bです。上の模式図と同様に一度に有効になるMLPは2個なので、推論のコストは14Bモデル相当になります。

8x7Bという名前の印象とは違って、個別のLLMが8個存在するわけではありませんし、ゲートは各ブロックごとにあるので、各トークン・各層において使われるMLPの番号はバラバラです。

またリーク情報によれば、GPT-4は8個分の220Bモデル（＝1760B）に相当するMoEで構成されていると言われています[8]。こちらも、1.8T（1.8兆）パラメータ相当のモデルを440Bモデル相当の計算で推論できることになります。

なお、現在の大規模言語モデルのほとんどはトランスフォーマーのデコーダー型ですが、RNNによる言語モデルのRWKV[9]や、RNNとトランスフォーマーを組み合わせたようなRecurrentGemma[10]のようなモデルも存在します。

まとめ

- GPTはトランスフォーマーのデコーダー部分を取り出したモデル。
- 自然言語による指示により、さまざまなタスクに対応できる汎用性を持つ。

---

[8]　关于GPT-4的参数数量、架构、基础设施、训练数据集、成本等信息泄露_手机新浪网
https://finance.sina.cn/tech/2023-07-11/detail-imzahsyr4285876.d.html

[9]　RWKV Language Model　https://www.rwkv.com/

[10]　RecurrentGemma model card ｜ Google for Developers
https://ai.google.dev/gemma/docs/recurrentgemma/model_card

7章

APIを使ったAI開発

生成AIのAPIを使うことでAIアプリケーションを開発できます。OpenAI APIを中心に、テキスト生成APIや埋め込みベクトル生成APIを使用する際の注意点やパラメータの設定について解説します。また、AIアプリケーションの枠組みとして代表的なRAG (Retrieval-Augmented Generation) の仕組みと、その種の技術の発展を簡単に紹介します。

Chapter 7　APIを使ったAI開発

43　OpenAI APIの利用

OpenAI社はAIモデルをAPIを通じて公開しています。ユーザはそれらのAPIを使うことで、GPUなどの計算資源を自分で用意する必要なく、質問応答システムや文書要約システムなどのAIアプリケーションを開発できます。

◯ OpenAI API

　OpenAI APIはOpenAI社が提供する大規模言語モデルを中心としたAPIサービスです。OpenAI APIを呼び出すことで、ChatGPTのエンジンを使ったアプリケーションを開発できます。

■ OpenAI Platform（https://platform.openai.com/）

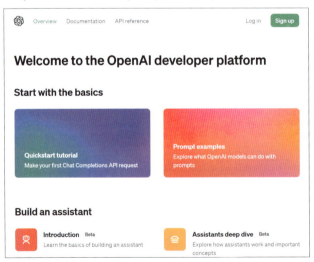

　OpenAI APIの利用には、OpenAIにアカウント登録する必要があります。ChatGPTのアカウント登録と共通ですので、そちらで登録を行っている人はすでにAPIも使える状態になっています。

OpenAI APIはWeb APIとして提供されています。PythonやJavaScriptのOpenAIライブラリが公式に公開されていますし、他の言語のライブラリも有志の手で作られています。OpenAI APIなどを使って高度なAI処理を行わせるLangChainなどのライブラリも積極的に開発されています（p.243参照）。

● OpenAI API利用上の注意

　OpenAI APIを利用するにはAPIキーを発行する必要があります。OpenAIのダッシュボードから"API Keys"を開き、"Create new secret key"を押してAPIキーを生成します。このAPIキーを各種ライブラリやアプリケーションなどに設定することでOpenAI APIを利用できます。それらの使い方はライブラリなどのドキュメントを参照してください[1]。

　APIキーの取り扱いはくれぐれもご注意ください。APIキーをスマホアプリに埋め込んだり、GitHubにコミットしたりと、他人の目に触れられる状態にしてしまうと、勝手に使われて法外な料金が発生したり、利用規約に抵触してアカウントBANされてしまったりというリスクがあります。

　また他者のサービスでOpenAI APIキーの登録が要求される場合もあります。APIキーは自由に作成・削除できますので、そのサービス専用にAPIキーを作成し、使用が終わったらそのAPIキーを削除すると良いでしょう。

　またOpenAI APIを利用するときは、OpenAIの利用規約とポリシーに従う必要があります[2]。一般的な使い方であれば利用規約に抵触する心配はほぼありませんが、少しでも懸念がある場合は規約を必ず確認しましょう。

まとめ

- **OpenAI APIを利用することで高度なAIアプリケーションを開発できる。**

---

[1] 2024年4月末に"Project"という機能が追加され、使用料金やレートリミットを細かく分けたり、APIキーの細かい権限を設定できるようになりました。
[2] Usage policies　https://openai.com/policies/usage-policies

Chapter 7　APIを使ったAI開発

テキスト生成API
（Completion API等）

OpenAIのGPT-3.5やGPT-4といったAIを使ってテキストを生成するAPIです。どのようなテキストを生成するかを自然文で指示することで、さまざまな機能を実現できます。

● テキスト生成APIの種類

OpenAI APIの最も基本的な機能であるテキスト生成APIには、Completion、ChatCompletion、Assistantの3種類があります。

Completion API

Completion APIは与えられた文の続きを生成するシンプルなAPIです。

実用的なAIアプリケーションを作る上で、Completion APIのようなシンプルなテキスト生成は使い勝手がよく、有用です。ただCompletion APIのドキュメント[1]にはlegacy（互換性のために残されているという意味）と書かれており[2]、新モデルの追加もほとんどなく[3]、価格も割高なので、基本的にはChatCompletion APIを利用するのが良いでしょう。

ChatCompletion API

ChatCompletion APIは対話文を生成するAPIです。

---

[1] https://platform.openai.com/docs/guides/text-generation/completions-api
[2] 以前は deprecated（廃止予定）とも書かれていました。
[3] Completion API用の現行モデルは2023年9月リリースのgpt-3.5-turbo-instructのみです。

　対話はメッセージのキャッチボールであり、文を正しく生成するには過去の文脈が必要です。ChatCompletion APIでは、常に会話の履歴すべてを送信することで、文脈を考慮した会話ができます（p.159参照）。APIの料金計算では、履歴のトークン数もすべてカウントされるので会話が長くなると料金が増えます（p.233参照）。

　ChatCompletion APIをチャット以外のアプリケーションで使う場合は、AIアシスタントに対する指示をプロンプトで記述する方式になります。
　またChatCompletion APIでは、AIと外部ツールを連携するFunction Callingという有用な機能が使えます（p.242参照）。

Assistant API
　複数のAPIやデータを組み合わせて高度なチャットAIを作るためのAPIです。ほぼGPTs（p.034参照）の機能をカバーしたものと考えてよいでしょう。そのためAPIの仕様も複雑です。技術としてはChatCompletion APIやEmbedding APIとさまざまな外部の機能を組み合わせることで実現可能なものなので、本書では解説を省略します。

> **まとめ**
>
> ▶ OpenAIのテキスト生成APIは3種類あり、ChatCompletion APIが最もよく使われる。

Chapter 7　APIを使ったAI開発

45　OpenAI APIの料金

OpenAI APIの料金は、入出力するテキストを「トークン」という単位に分割したときのそのトークン数で計算します。モデルごとの料金体系と、トークンとは何か、トークン数の求め方を解説します。

○ OpenAI APIのトークン

トークン（Token）とは、コンピュータで処理するためにテキストを分割する単位です（p.108参照）。単語に似ていますが、複数の言語に対応するには言語ごとに異なる単語は都合が悪いため、トークンが使われます。

ChatGPTやOpenAI APIに入力されるテキストがどのようにトークン分割されるかは、OpenAIのTokenizerのページでグラフィカルに確認できます。入力欄にテキストを入れると、トークンごとに色分けして表示されます。

■ OpenAIのTokenizerページ（https://platform.openai.com/tokenizer）

```
GPT-4o & GPT-4o mini (coming soon)    GPT-3.5 & GPT-4    GPT-3 (Legacy)

ChatGPTと大規模言語モデル|

Tokens     Characters
15         16

ChatGPTと大��模言����デル
```

上の図は「ChatGPTと大規模言語モデル」というテキストをトークンに分割した様子です。"ChatGPT"は"Chat"と"G"と"PT"に分かれます。しかし「規」や「語モ」の場所が文字化けしています。これは、「規」を表すUTF-8のコード「E8 A8 8F」が2トークンに分かれてしまい、トークン単独では表示可能な文字にならなかったことを表しています（詳細はp.234参照）。

232

● テキスト生成モデルの種類と料金

OpenAI APIのテキスト生成APIで利用可能なモデルは、細かいバージョンも数えると10個以上ありますが、基本的には賢く高価なモデルと安価なモデルの2種類のメインモデルを使い分ける形になります。2024年7月現在ではGPT-4oとGPT-4o miniがメインモデルにあたります。モデルの追加は頻繁に行われるので、公式ドキュメントで最新情報を参照してください[1]。

■ 主なテキスト生成モデル（100万トークンあたりの価格、2024年7月現在）

モデル（バージョン）	トークン最大長	入力の単価	出力の単価	備考
GPT-4o（Omni）	128K	$5	$15	メインモデル
GPT-4o mini	128K	$0.15	$0.6	メインモデル
GPT-4 Turbo	128K	$10	$30	
GPT-3.5 Turbo(0125)	16K	$0.5	$1.5	
GPT-3.5 Turbo Instruct	4K	$1.5	$2.0	Completion API用

OpenAI APIの料金は入力および出力トークン数に対して決まります[2]。基本的にはモデルのバージョンアップのたびに料金は下がり、トークンの最大長（入力できるテキストの長さ）は増えます。

例として、1000トークン入力して100トークン出力されたとき、各メインモデルの利用料金は次のように計算されます（1ドル155円で計算）。

- **GPT-4o** ：1000 × $5/100万 + 100 × $15/100万 = $0.007 ≒ 1.0円
- **GPT-4o mini**：1000 × $0.15/100万 + 100 × $0.6/100万 = $0.00021 ≒ 0.033円

---

[1] 互換性のために残っている古いモデルは精度が低く、価格も高いです。ドキュメントでもそれらはlegacy（互換性のために残されている）と明示されています。

[2] Pricing　https://openai.com/pricing

英語は1トークンあたり平均0.75語、日本語は1トークンあたり平均約1.2文字と言われています[3]。トークン数と文書量の対応を実感できるように、夏目漱石『吾輩は猫である』とルイス・キャロル『ふしぎの国のアリス』（Alice's Adventures in Wonderland）の冒頭部分をそれぞれ100トークンまで取り出したものを以下に掲載します。

■『吾輩は猫である』と『ふしぎの国のアリス』の冒頭100トークン

吾輩は猫である。名前はまだ無い。
どこで生れたかとんと見当がつかぬ。何でも薄暗いじめじめした所でニャーニャー泣いていた事だけは記憶している。吾輩はここで始めて人間というものを見た。しかもあとで聞くとそれは書生という人間中で一番獰悪な（115字）

Alice was beginning to get very tired of sitting by her sister on the bank, and of having nothing to do: once or twice she had peeped into the book her sister was reading, but it had no pictures or conversations in it, and what is the use of a book, thought Alice without pictures or conversations?
So she was considering in her own mind (as well as she could, for the hot day made her feel very sleepy and stupid), whether the pleasure of making a daisy（454字、88語）

● OpenAIトークナイザーライブラリ tiktoken

　テキストとトークン列を相互変換するツールを**トークナイザー**（Tokenizer）と呼びます。ChatGPTやOpenAI APIでは、トークン分割は内部で処理され、明示的に利用することはありませんが、AIの精度や性能を検討したり、APIの料金を計算するときには重要な技術です。

　OpenAIのtiktokenライブラリは、OpenAI APIやChatGPTで使われるトークナイザーです[4]。tiktokenを使うと、APIのトークン数の上限に収まっているか、料金がどれくらい発生するかをAPIに投げる前に確認できます。以下はtiktokenを使ったPythonサンプルコードです。

---

[3]　GPT-4o/GPT-4o miniのトークナイザーo200k_baseの場合。

[4]　openai/tiktoken: tiktoken is a fast BPE tokeniser for use with OpenAI's models.
　　 https://github.com/openai/tiktoken

■ OpenAIのトークンを確認するサンプルコード

```
import tiktoken
enc = tiktoken.get_encoding("o200k_base")  # トークナイザーのモデル
print("トークンID:", enc.encode("深層学習"))
print("トークン数:", len(enc.encode("深層学習")))
```

■ サンプルコードの出力

```
トークンID: [23052, 4072, 97, 8590, 113487]
トークン数: 5
```

　tiktokenのトークナイザーには、主にGPT-4oシリーズで用いられるo200k_baseと、それ以外のGPT-4とGPT-3.5で用いられるcl100k_baseがあります[5]。o200k_baseは約20万種類、cl100k_baseは約10万種類と、モデルごとに語彙数（トークンの種類数）が異なり、分割後のトークン数に影響があります。

　モデルの違いを確認するため、"深層学習"を各モデルで分割した結果を見てみましょう[6]。

■ "深層学習"を2種類のトークナイザーのモデルで分割

文字	深			層			学			習		
UTF-8	E6	B7	B1	E5	B1	A4	E5	AD	A6	E7	BF	92
o200k_base	23052			4072		97	8590			113487		
cl100k_base	85315		109	23602		97	48864			163	123	240

　トークナイザーcl100k_baseでは"深層学習"は8トークンに分割されますが、o200k_baseでは5トークンに減少します。このようにモデルごとにトークン分割の結果は異なります。一般にトークン数が多いほど処理に時間がかかり、

---

[5] 他に旧モデル用のp50k_baseやr50k_baseもあります。OpenAI 言語モデルごとのエンコーディング一覧　https://zenn.dev/microsoft/articles/3438cf410cc0b5
[6] tiktokenのencodeメソッドで得たトークンID列をdecode_tokens_bytesメソッドに渡すと、サブワード列が得られます。

精度も落ちます。しかし語彙数を増やすと学習に必要なデータが増えるため、バランスを取る必要があります（p.116参照）。

● 言語ごとのトークン数の違い

英語以外の言語は、同等の内容を表現するために必要なトークン数が英語よりも多くなる傾向があります。それを確認するべく、同じ情報を表現するのに必要なトークン数を各言語ごとに計測し、英語のトークン数を1とするときの比率を次ページの表にまとめました。なお、ChatGPTが書いた「ChatGPTとは何か？」という文章をGoogle翻訳で各言語に翻訳したものを使いました。

まずcl100k_baseのトークン数と英語とに比率を見ると、英語のトークン数が圧倒的に少ないことがわかります。ヨーロッパ系の言語や中国語は英語の2倍以下のトークン数で済みますが、日本語は約2.5倍になります。

一方、ベトナム語は英語と同じラテンアルファベットを使用する言語ですが、独自文字が多いためトークン数が増えます。アラビア語などのラテンアルファベットではない言語になると英語の6倍近くのトークン数が必要です。こうした言語ごとのトークンの表現力の違いは、トークナイザーの学習に使われたテキストに依存します（p.114参照）。つまり次ページの表は、学習データに英語が圧倒的に多かったことを示しています。

トークナイザーのモデルの違いも興味深いです。英語以外の言語はcl100k_baseからo200k_baseになるとトークン数が大きく改善されています。特にヒンディー語やアラビア語といった非アルファベット言語で顕著です。

これは、言語に特化したトークナイザーを使用することで、トークン数を減らし、精度と速度が向上する可能性を示しています。実際、OpenAIの日本拠点設立のニュースにおいて、日本語の処理が3倍速い日本語特化GPT-4も準備しているとアナウンスされました[7]。これは日本語用のトークナイザーのモデルを用意することで、トークン数が約1/3になるという意味です[8]。

---

[7] OpenAI Japan スタート 3倍速い日本語特化モデルも公開へ - Impress Watch
https://www.watch.impress.co.jp/docs/news/1584440.html

[8] 日本語だけのためにGPT-4をゼロから事前学習するのはコストが高いので、継続事前学習（p.176参照）によって日本語データを大規模に追加学習するのだろうと考えられます。

■ 言語ごとのトークン数と比率

言語名	cl100k_base	英語との比率	o200k_base	英語との比率	cl→o 改善率
英語	425	1.00	411	1.00	1.03
スペイン語	624	1.47	513	1.25	1.22
フランス語	695	1.64	564	1.37	1.23
ドイツ語	755	1.78	575	1.40	1.31
ロシア語	1086	2.56	580	1.41	1.87
アラビア語	1428	3.36	593	1.44	2.41
中国語	729	1.72	483	1.18	1.51
ベトナム語	1156	2.72	658	1.60	1.76
ヒンディー語	2428	5.71	701	1.71	3.46
日本語	1033	2.43	729	1.77	1.42
韓国語	961	2.26	566	1.38	1.70

まとめ

- トークンはテキストを分割する単位で、API の料金はトークン数に基づいて計算される。
- tiktoken ライブラリを使うとトークン数を確認できる。
- 英語以外の言語はトークン数が増える傾向にある。

Chapter 7　APIを使ったAI開発

46 テキスト生成APIに指定するパラメータ

テキスト生成APIには、生成されるテキストの特性をコントロールするパラメータがあります。これらのパラメータを適切に設定することで、生成結果の質や一貫性を高めることができます。

● テキスト生成APIのパラメータ

　テキスト生成API（p.230参照）では、パラメータを設定することで生成テキストのバリエーションを増やしたり、逆にランダム性を抑えて、同じプロンプトに対して同じテキストを返すといった再現性を持たせたりできます。生成文をコントロールするという点で特に重要なパラメータは以下の3つです。

■ OpenAIテキスト生成APIの主なパラメータ

パラメータ	説明	値の範囲	デフォルト値
temperature	生成文のランダム度を指定します。高い値にすると多様な生成結果が得られます。	0.0～2.0	1.0
top_p	累積確率の閾値を設定します。1.0より小さくすると安定的なトークンが選ばれやすくなります。	0.0～1.0	1.0
max_tokens	生成されるトークン数の上限を設定します。	1以上の整数	（モデルの上限）

temperature（温度）

　temperatureは「温度」の意味で、生成文のランダム度を指定するパラメータです。「温度」という用語は熱統計力学のモデルに由来します（p.148参照）。
　temperatureが大きいと、スコアが小さいトークンにも確率が割り振られて、幅広いトークンが選ばれやすくなります。逆にtemperatureが小さいと、スコアが最大のトークンの確率が1に近づき、それ以外のトークンの確率は0に近づいて、トークンの確率の差が極端になります。特にtemperatureが0のときは、

スコア最大のトークンが確率1となり、必ず選ばれます[1]。

temperatureを変えることで生成文にどのような影響があるか、実際の生成例で見てみましょう。temperatureを0から2の間で変えたとき、それぞれ3回の生成文を掲載しています[2]。

■「こんにちは、」で始まる文章を3回ずつ生成した冒頭

temperature	生成文
0.0	こんにちは、私はオープンAIのGPT-3です。どのようにお ... こんにちは、私はオープンAIのGPT-3です。どのようにお ... こんにちは、私はオープンAIのGPT-3です。どのようにお ...
0.5	こんにちは、お元気ですか？ 今日はどのようなご用件でし ... こんにちは、私はOpenAIのAIです。どのようにお手伝いでき ... こんにちは、私はオープンAIの言語モデルです。どのよ ...
1.0	こんにちは、お元気ですか？最近どんなことに取り組んで ... こんにちは、私はOpenAIのGPT-3というAIモデルです。どの .. こんにちは、私はエミリーです。どのようにお手伝いで ...
1.5	こんにちは、私は人工知能のGPT-3です。을 〉 を '? 私は ... こんにちは、みなさん。 こんにちは、お元気ですか？私の名前はこれを ...
2.0	こんにちは、名称とう都备板，su 配置 -spacing-ind offshore... こんにちは、皆さん。才能 (さいだし グ -S.WriteByte(r)},Eff... こんにちは、{ :)California(Client_Ptr<G966/photos-by...

temperature=0.0では毎回同じ文章が生成されていますが、値が増えるごとに振れ幅が大きくなり、1.0より大きいとデタラメになっていくことがわかります。2.0では完全に壊れていますね。temperature単独で指定するなら1.0以下にするといいでしょう。

---

[1] temperatureは本来0にはなりませんが、temperature=0をスコア最大のトークンが決定的に選ばれる意味で用いる実装もあります。
[2] Completion APIでgpt-3.5-turbo-instructを使用。

top_p

top_pは、トークン確率の閾値を制御するパラメータです。top_pを設定すると、ランダムサンプリング対象のトークンが以下の図のように制限されます。すなわち、確率の高いトークンから順に候補に加えていき、確率の合計がtop_pに指定した値を超えたとき、候補の選択を終了します。最後のトークンより確率の低いものはサンプリング候補から除外されます。

■ top_pの働き

top_pの効果を理解するために、確率0.9のトークンが1個と、確率0.0001のトークンが1000個あるという少し極端なケースを考えてみます。

■ top_pの働き（極端なケース）

確率0.0001の低スコアなトークンは選ばれてほしくありませんが、もともと「その中の特定のトークン」が選ばれる確率はたったの1万分の1しかないわけで、大丈夫そうに見えます。しかしそれが1000個もあると、「その中のどれか1つのトークン」が選ばれる確率は10分の1にもなります。そのため低確率なトークンが選ばれてしまう可能性は十分にあります。

上の例は極端ですが、実際に高いtemperatureでは「低確率トークンが大量にある」状態になります。その場合でも、top_pを設定することで低確率トークンが選ばれるのを防げます。そのため、temperatureを高くするときは、

top_pを適切に設定することでデタラメ度を抑えられるわけです。

temperature=2.0でのtop_pの効果を、実際の生成例で見てみましょう。

■ top_pを指定した生成文の例

temperature	top_p	生成文
2.0	1.00	こんにちは、名称とう都备板，su 配置 -spacing-ind offshore... こんにちは、皆さん。才能 (さいだし グ -S.WriteByte(r)},Eff... こんにちは、{ :)California(Client_Ptr<G966/photos-by...
2.0	0.99	こんにちは、お元気ですか？　その特別な日に参加すること... こんにちは、元気ですか？毎日忙しい日々を過ごし... こんにちは、最近は、忙しかったです。新しいプロジェクト...
2.0	0.90	こんにちは、私はオープンAIのAIアシスタントです。今日はど... こんにちは、お元気ですか？ --- 私は現在、日本で日本語... こんにちは、元気ですか？　最近何か特別なことがありまし...

デタラメな文章だったtemperature=2.0でも、top_pを適切に設定すれば日本語の文章になって、幅広い表現を生み出せるようになりました。

max_tokens

max_tokensは生成するトークン数の上限を指定するパラメータです。生成文のトークン数がmax_tokensに達すると生成が打ち切られます。max_tokensに収まるように文章が生成されるわけではありません。テキスト生成APIは想定より長いテキストが生成されることもよくあるので、max_tokensを指定しておくと余計な費用が発生するのを抑えられます。

まとめ

- テキスト生成 API のパラメータ temperature と top_p を適切に設定することで、生成文のランダム度や質をコントロールできる。
- 長い文章が生成されて思わぬ API 料金が発生しないために、常に max_tokens は指定しておきたい。

Chapter 7　APIを使ったAI開発

47 テキスト生成APIと外部ツールの連携
～Function Calling～

テキスト生成のChatCompletion APIでは、必要に応じて外部のツールと連携を行うFunction Callingという機能があります。AIがその必要性を判断するのがFunction Callingのポイントです。

● Function Calling

Function Callingは、大規模言語モデルの外部のツールやAPIと連携するための機能です。開発者はOpenAI APIを呼び出すときに一緒にツールのリストを渡します。すると、GPTはそれらのツールが必要と判断したときに、そのツールに渡すための情報をJSONというポータビリティの高い形式で出力します。

■ Function Callingを使った外部ツールとの連携

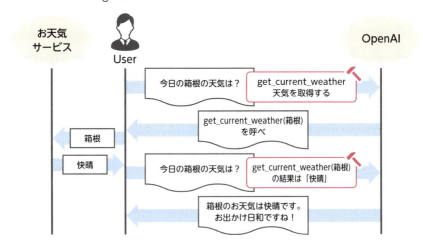

例えば「今日の箱根の天気は？」という質問に対し、通常の大規模言語モデルは現在の天気など知らないので「私はリアルタイムの情報にアクセスできません」などの答えが返ってきます。一方、外部連携機能を持つ大規模言語モデ

ルなら、質問と一緒に get_current_weather（指定の都市の現在の天気を取得）というツールの情報を渡しておくことで、ツールを呼び出して箱根の天気を取得する必要がある、という判断を大規模言語モデルが行います。

　他にも大規模言語モデルが苦手とする計算などを専門のツールに任せられます。GPT-4 などの高度な大規模言語モデルは計算もできますが、AI よりも普通にコンピュータを使うほうが速度も正確さも電力効率も圧倒的に上です。

　なお、Function Calling が行うのは「外部ツールを呼ぶ必要がある」という判断と、外部ツールに渡す情報の抽出までであり、AI が外部ツールを直接呼び出すわけではありません。AI の指示に従って外部ツールから天気の情報などを取得するのはユーザ側の仕事になります。外部ツールに渡すべき情報は JSON 形式で返ってくるので、プログラムで簡単に処理できます。

　大規模言語モデルが翻訳や要約などの指示に従うのはそういうテキストを生成しているだけで、特別な機能ではないという話をしましたよね（p.180 参照）。同じく Function Calling も、そうした専用機能が実装されているのではなく、ツール呼び出しの判断と情報抽出のテキストを生成するようなチューニングで実現しています。

● LangChain ライブラリ

　Function Calling はさまざまな応用が可能ですが、Function Calling の呼び出しやツールの実装は面倒です。そうしたツール類と大規模言語モデルを組み合わせて高度な推論を実装するフレームワークの1つが **LangChain** です。LangChain では多くのツールが提供されており[1]、Function Calling と簡単に連携する仕組みもあります[2]。

　LangChain は高機能で便利ですが、抽象度が高く難解なため、LangChain に関する専門書[3]を読んで概要を掴むのも良いでしょう。ただ LangChain は新し

---

[1] https://api.python.langchain.com/en/latest/community_api_reference.html#module-langchain_community.tools
[2] Tools | LangChain　https://python.langchain.com/docs/modules/tools/
[3] 吉田真吾、大嶋勇樹.『ChatGPT/LangChain によるチャットシステム構築［実践］入門』技術評論社.（2023）など多数あります。

い論文を意欲的にどんどん取り込んでいき、それに合わせて仕様もよく変わるので[4]、最新のドキュメントも常に参照しましょう[5]。またLangChainと同種のライブラリとして、guidance[6]やSemantic Kernel[7]などもあります。

■ LangChainが提供するツール名

ツール名	説明
Wikipedia QueryRun	Wikipedia API を検索
Wolfram AlphaQueryRun	Wolfram Alpha SDK を使ってクエリ（数式など）を実行
Google SearchRun	Google 検索 API を呼び出し
Shell Tool	シェルコマンドを実行
PythonREPL	Python のコードを実行
HumanInputRun	ユーザーに入力を要求

● 機械可読化ツールとしてのFunction Calling

　Function Callingは外部機能連携だけでなく、自然文から機械可読な情報を取り出すためにもよく使われます。例えばメールで決まったミーティングの予定をスケジュールに登録する場合を考えます。これを自動的に行うには、メールの文面から適切にスケジュールのタイトル・日時・場所・参加者などを取り出す必要がありますが、これは難しいタスクです。

　そこでFunction Callingの出番です。メールの文面とスケジュール登録ツールの情報をFunction Callingに渡すと、スケジュール登録ツールの呼び出し指示が返ってきます。ツールに渡すタイトルや日時などの情報はJSON形式になっており、プログラムで簡単に処理できます。この情報をJSON形式で得る

---

[4] 半年前に書いたLangChainを使ったコードが、大量にDeprecated Warningを吐いた挙げ句、結局動かないなんてこともあります。

[5] https://python.langchain.com/docs/get_started/introduction

[6] guidance-ai/guidance: A guidance language for controlling large language models.
https://github.com/guidance-ai/guidance

[7] microsoft/semantic-kernel: Integrate cutting-edge LLM technology quickly and easily into your apps
https://github.com/microsoft/semantic-kernel

目的だけなら、本物のスケジュール登録ツールは存在しなくても構いません。

■ Function Callingを使って自然文から機械可読な情報を取り出す

COLUMN　セマンティック・ウェブの夢

　2000年代に**セマンティック・ウェブ**という技術が流行りました。簡単に言うと機械可読化したWebのことで、Web上のすべての情報にコンピュータが処理できる「意味」をタグ付けすることで、あらゆる処理が自動化できるという夢の技術でした[8]。しかしすべての情報にタグ付けなど現実的に不可能でしたし、「意味」の表現や解釈に幅があり、それを統一するための辞書（オントロジー）の整備が輪をかけて大変でした。そうしてセマンティック・ウェブは限定的な実現にとどまりました。

　しかし今なら大規模言語モデルを使って、自然言語から機械可読な情報を取り出すことができます。セマンティック・ウェブで描いた夢が実現可能になりつつあるわけです。その点だけでも良い時代になったなあとしみじみ思います。

まとめ

> ▶ **Function Calling**は、大規模言語モデルが外部連携の判断を行う機能。自然文から機械可読な形で情報を取り出す。

---

[8]　SemanticWebFaq - W3C Wiki　https://www.w3.org/wiki/SemanticWebFaq

Chapter 7 APIを使ったAI開発

48 埋め込みベクトル生成APIと規約違反チェックAPI

「2個の文がどれだけ似ているか?」というのは難しい問題ですが、ベクトルに変換しておけば簡単に類似度を求められます。テキストをベクトルに変換する埋め込みベクトル生成APIと、テキストが規約に抵触しているか判定するAPIを紹介します。

● 埋め込みベクトル生成 (Embeddings) API

OpenAI Embedding API(埋め込みベクトル生成API)は、テキストを1536次元などのベクトルに変換するAPIです。似ているテキストは似ているベクトルに変換します。

■ 埋め込みベクトル生成API

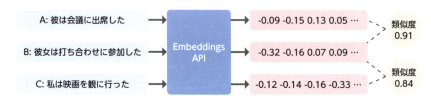

OpenAI APIの埋め込みベクトルは長さが1に正規化されているため、ベクトル同士の類似度は簡単に計算できます。4次元のベクトル (a_1, a_2, a_3, a_4) と (b_1, b_2, b_3, b_4) を例に説明すると、その類似度は要素ごとに掛け算して全部足すことで求まります。ベクトルの要素数が増えても同じように計算します。

$$類似度 = a_1 b_1 + a_2 b_2 + a_3 b_3 + a_4 b_4$$

ベクトルの類似度は-1.0から+1.0までの値を取り、大きいほど似ていることを表します[1]。例えば上の図では、文A「彼は会議に出席した」と文B「彼女

---

[1] 2つのベクトルの向きの近さ(なす角度)を表し、コサイン類似度と呼ばれます。

は打ち合わせに参加した」のベクトルの類似度は0.91、文Bと文C「私は映画を観に行った」の類似度は0.84となって、文Aと文Bのほうが似ていることを表しています。

　他にも過去記事データベースの各文章に対して埋め込みベクトルを求めておけば、ある記事に似ている過去記事のピックアップなどの処理を高速に行えます。知識を格納したデータベースに対して同様にベクトルの類似度による検索を行うことで、大規模言語モデルが学習していない知識を使った質問に答えるRAGという仕組みの実現にもよく使われています（p.255参照）。

　ただし埋め込みベクトルを使った類似度計算は、必ずしも人間の直感通りではない点には注意が必要です。例えば、同じ意味の日本語と英語の文より、違う意味の日本語の文同士のほうが類似度が高いというケースもよくあります。

■ 同じ意味の英語より、別の意味の日本語のほうが類似度が高い

　埋め込みベクトルによる類似テキスト検索では、このような本当は似ていないのに似ていると判定してしまうこと（偽陽性）は避けられません。特に検索対象の文書が増えるとより顕著に発生します。この特徴を踏まえて利用する必要があります[2]。

埋め込みベクトル生成APIのモデルの種類

　OpenAI Embedding APIには3つのモデルが用意されています。text-embedding-ada-002はChatGPTリリース直後から提供されており広く使われ

---

[2] RAGでは、高速なベクトル検索によって絞り込まれた候補に対し、より高度なモデルで本当に似ているかどうかを判定するというリランクという処理がよく行われます。

ています。text-embedding-3-smallと3-largeは2024年にリリースされたばかりで、ada-002より価格が安く性能が高いことを売りにしています。また3-smallと3-largeについては、埋め込みベクトルを切り詰めることで、精度を少し犠牲にしつつ記憶容量や速度を向上できるshortening embeddingがサポートされています[3][4]。

■ OpenAI Embedding APIの3つのモデル（2024年4月現在）

名前	ベクトルの次元	価格（100万トークン）	リリース時期
text-embedding-3-small	1536	$0.02	2024年1月
text-embedding-3-large	3072	$0.13	2024年1月
text-embedding-ada-002	1536	$0.10	2022年12月

　精度が上がって安くなったなら、すぐに新しい埋め込みベクトルモデルを使うようにすれば良い、というわけにはいきません。異なるモデルで求めた埋め込みベクトル同士では正しい類似度を計算できないため、ベクトル検索の対象となるデータベース（埋め込みベクトル変換済み）のすべてのテキストを新しいモデルで変換し直さなければならないからです。そのため、埋め込みモデルのライフサイクルはテキスト生成モデルよりも長くなります[5]。

規約違反チェック（Moderation）API

　ユーザからの入力がプロンプトに反映されるようなAIサービスを一般に公開した場合、ユーザがOpenAI APIの利用規約に違反する内容のテキストを入力してしまうことは十分想定されます。その場合でも、いきなりアカウント停止ということはなさそうですが、頻度が高いと警告メールが送られてきて、そ

---

[3] Native support for shortening embeddings　https://openai.com/blog/new-embedding-models-and-api-updates#native-support-for-shortening-embeddings
[4] 切り詰めた場合、長さ1への正規化は別途行う必要があります。
[5] 埋め込みモデルの学習に個人情報に該当する可能性のあるデータを含むのは極力避けるべきです。個人情報保護法により個人情報の削除要請があった場合には、そのモデルの利用を中止して削除しなければならない可能性があるためです。

れでも改善がなければ最終的にはアカウントが停止されることもあるそうです。そうなるとせっかく作ったAIサービスが終わってしまいます。仮にOpenAI APIの利用を停止されなくても、そうした攻撃的なイタズラを拡散されたときのAIサービスへのダメージは計り知れないでしょう。

Moderation APIはOpenAIの利用規約に違反するようなテキストかどうかを判定してくれるAPIです。以下のような項目について判定します（表の他に細かい下位分類もあります）[6]。

■ Moderation APIの主な判定項目

英語名	日本語訳	簡単な説明
hate	ヘイトスピーチ	差別的な憎悪を表現・扇動するコンテンツ
harassment	ハラスメント	嫌がらせ・迷惑行為を表現・扇動するコンテンツ
self-harm	自傷行為	自傷行為を促進・奨励・描写するコンテンツ
sexual	性的コンテンツ	性的興奮を引き起こすことを目的としたコンテンツ
violence	暴力	死亡、暴力、身体的傷害を描写するコンテンツ

Completion APIにテキストを送信する前にModeration APIで判定することで、想定外の利用規約違反を予防できます。Moderation APIに費用はかからないので、一般公開するAIサービスを作る場合は検討するとよいでしょう。

> **まとめ**
> - Embeddings API は、テキストを埋め込みベクトルに変換する。埋め込みベクトルを使うと、テキストの類似度を簡単に計算できる。
> - Moderation API は、テキストの有害性などをチェックする。

[6] Moderation - OpenAI API　https://platform.openai.com/docs/guides/moderation/overview

Chapter 7　APIを使ったAI開発

49　OpenAI以外の大規模言語モデルAPIサービス

OpenAI API以外にも大規模言語モデルのAPIサービスはあります。OpenAIのGPTシリーズを提供するMicrosoft Azure OpenAI APIや、Google CloudのVertex AI、Amazon AWSのBedrockについて紹介します。

● Microsoft Azure OpenAI API

　Microsoft AzureはMicrosoft社の提供するクラウドサービスです。インターネット上のサービスを構築するためのさまざまな機能を提供しています。2022年10月からはAzure OpenAI APIサービスも始まり、大規模言語モデルを使ったサービスも構築できるようになりました。

■ Azure OpenAI Studio

　Microsoft社は、OpenAI社の大規模言語モデルであるGPTシリーズの独占ライセンスを取得しています。そのため、GPTシリーズのAPIはOpenAI APIと**Azure OpenAI API**からのみ利用できます。OpenAI APIとAzure OpenAI APIの機能的な差はほとんど無く、価格体系も同一です。OpenAI APIの新機能や新モデルの追加についても、少し遅れはするもののAzure OpenAI APIにも同等のものが提供されています。

　APIの仕様もある程度の互換性があり、OpenAI公式のPythonライブラリは

接続方法の記述を少し変えるだけでAzure OpenAI APIでも使えます。Azure OpenAI APIの利用方法の詳細は書籍『Azure OpenAI Serviceではじめる ChatGPT/LLMシステム構築入門』[1]などを参照してください。

　したがって、OpenAI APIとAzure OpenAI APIのどちらを利用するかの判断は機能と費用以外の点によりますが、新機能の評価など実験目的ならOpenAI API、サービス運用などビジネス目的ならAzure OpenAI APIが推奨されます。

　OpenAI APIと比べたときのAzureの最大のメリットはSLA（サービスレベルアグリーメント）の存在です。SLAとはシステムの稼働の安定性を示す可用性の指標の1つであり、Microsoft Azureは稼働率99.9％を保証しています[2]。これは絶対に99.9％以上動くということではなく、稼働時間がそれを下回った場合に返金を請求できるという制度です[3]。

　一方のOpenAI APIは稼働時間の保証がなく、実際Azureに比べて障害の発生率が高い印象があります。OpenAI Statusのページ[4]でOpenAIの各種サービスの稼働時間を確認できますが、例えば2024年2月13日は5時間16分のサービス障害が報告されました。

　Azureは多くのリージョン（データセンターを設置している地域）を持っているので、複数のリージョンに大規模言語モデルをデプロイ（使える状態にすること）することで負荷分散と障害リスクを軽減できる点もメリットです。Azureには日本リージョンもあるので、契約などによって海外サーバへのデータ送信が禁止されているような場合も対応できます[5]。

　また、Azure OpenAI APIはデプロイごとに細かくクォータ（一定時間内の利用回数制限）を設定できます。AIサービスを複数運用する場合に、1つのサービスで制限に達したとき、ほかのサービスも一緒に止まる共倒れを予防できます。なお、OpenAI APIも2024年4月から追加されたProject機能で同様のこと

---

[1] 永田祥平、伊藤駿汰、宮田大士、立脇裕太、花ケ﨑伸祐、蒲生弘郷、吉田真吾．『Azure OpenAI ServiceではじめるChatGPT/LLMシステム構築入門』技術評論社（2024）
[2] 稼働率99.9％は1日平均で約90秒のダウンタイム、1ヶ月当たりだと約43分に相当します。
[3] Microsoftにクレジットを要求する方法と時期 - サービス停止（サービス レベル アグリーメント）の問題）クレジット　https://learn.microsoft.com/ja-jp/partner-center/request-credit#service-outages-service-level-agreement-issues-credit
[4] OpenAI Status　https://status.openai.com/
[5] ただし2024年現在はリージョンごとに使用可能なモデルやバージョンが大きく異なっています。

ができるようになりました[6]。

　Azureはさまざまなサービスを統合したクラウドサービスなので、ほかのサービスやツールとの統合が容易になる工夫があります。中でもAzure AI Searchは、マイクロソフトの自然言語処理技術の検索機能とOpenAI APIを連携させてRAG（p.255参照）を構築するサービスです[7]。

● Google Vertex AI

　GoogleのGoogle Cloudは、Azure、AWSと並ぶ3大クラウドプラットフォームであり、トランスフォーマーやBERTといった現在の生成AIの基盤となる技術を作ってきたのもGoogleですから、当然のようにAIプラットフォームを持っています。それが**Vertex AI**です[8]。

■ Google Vertex AI

　Vertex AIでは、PaLM 2やGemini（ジェミニ、またはジェミナイ）といった大規模言語モデルを使ってテキスト生成や、Vertex AI Searchなどのコンポーネ

---

[6] Managing your work in the API platform with Projects | OpenAI Help Center
https://help.openai.com/en/articles/9186755-managing-your-work-in-the-api-platform-with-projects

[7] Azure AI Search - 生成型検索 | Microsoft Azure
https://azure.microsoft.com/ja-jp/products/ai-services/ai-search

[8] Vertex AI | Google Cloud　https://cloud.google.com/vertex-al?hl=ja

ントを利用してRAGの構築などができます。Geminiシリーズはマルチモーダル機能を備え、一歩先に音声や動画にも対応している点も大きな特徴です。2024年5月のアップデートではGemini Proが100万という圧倒的なトークン長に対応したことを発表しました[9]。

● Amazon Bedrock

　Microsoft Azureと並ぶクラウドサービスであるAmazon AWSでも、2023年9月から**Bedrock**という大規模言語モデルのサービスが始まりました[10]。Azureと同じくAWSの各種クラウドサービスとの連携が容易であることがポイントです。

　Bedrockで利用できる大規模言語モデルは、Amazon独自のTitanのほかに、MetaのLlamaシリーズ、イスラエルのAI21 LabsのJurassicなどに加えて、Anthropic（アンソロピック）のClaudeが利用できます。

　Claudeの最新バージョンであるClaude 3 Opusは、GPT-4と並ぶ精度と20万を超えるトークン長を扱う性能があります。Claude 3 OpusはAIチャットサービスClaude Proでも利用できますが（p.038参照）、APIとしてさまざまなアプリケーションからこのトークン長を利用できると応用が広がります。Anthropic自身もClaudeのAPIサービスを提供していますが、先ほどのOpenAI APIとMicrosoft Azureの関係と同じで、実運用でClaude APIを使うならAWS Bedrockを選ぶほうがいいでしょう。

まとめ

- Microsoft Azure OpenAI API、Google Vertex AI、Amazon BedrockなどのAPIサービスがある。
- クラウドプラットフォームとの連携が容易。

---

[9] Google Gemini updates: Flash 1.5, Gemma 2 and Project Astra
　　https://blog.google/technology/ai/google-gemini-update-flash-ai-assistant-io-2024/

[10] Amazon Bedrock　https://aws.amazon.com/jp/bedrock/

Chapter 7　APIを使ったAI開発

50 Retrieval Augmented Generation (RAG)

コンテキスト内学習と、コンテキスト（文脈情報）を適切に検索する仕組みを組み合わせたものをRAGと言います。RAGは大規模言語モデルを使ったアプリケーションの最も代表的な構築方法の1つです。

● 外部知識を使ったAIアプリケーションの開発

　大規模言語モデルは一般的で幅広いテキストで学習するため、専門分野の知識はあまり詳しくなかったり、あるいは全く知らなかったりします。またサポート履歴などのような社内の閉じた環境にしか無い情報も当然知りません。知らないことについてAIに質問しても、知らないと答えられるか、ハルシネーション（p.272参照）で誤った回答をされるかのどちらかです。

　そうした外部知識を使ったAIアプリケーションを開発できれば、例えば製品やサービスのFAQを知識源としたサポートAI、法律の条文や裁判の判例の解説AI、事例を元にした提案ブレストAIなど、有益なシステムをいろいろと構築できます。昨今、DX（デジタルトランスフォーメーション）が推進されていますが、DXを通じてデジタル化した業務知識もAIの外部知識として活用できれば、さらに一石二鳥と言えるでしょう。

　大規模言語モデルに外部知識を与える方法は、追加学習を行う方法とコンテキスト内学習（p.188参照）が考えられますが、前者は残念ながら難易度が高いです（p.190参照）。

　一方、コンテキスト内学習を機能させるには、適切な情報をコンテキストとして渡す必要があります。それを実現するアプローチは2通り考えられます。

①情報の中から、回答生成に適切なコンテキストを抜き出して渡す
②関連する可能性のある情報すべてをコンテキストとして渡す

　①はRAGと呼ばれる手法です。次項で解説します。

②は、書籍の本文を丸ごとコンテキストに積んで、AIが書籍に関する質問に答えるようなイメージです。①は情報をピンポイントで利用する手法なので、文章全体の要約のようなタスクには②のアプローチが適しています。

　②は力技でシンプルですが、トークン数の上限がありますし、料金が高くなります。例えばこの書籍全体はGPT-4o換算で約18万トークンとなり[1]、GPT-4oのトークン数の上限（12.8万トークン）を超えます。仮に18万トークンを入力できた場合のAPI料金はコンテキストだけで1回約140円かかり（1ドル155円換算）、処理時間もとても長いでしょう。

● RAG（Retrieval Augmented Generation）

　入力された質問文に対して適切な情報を検索し、それをコンテキストとして補って回答を生成する手法全般を **RAG** と言います。RAGは「Retrieval Augmented Generation」の略で、情報検索（Information Retrieval）によって増強したテキスト生成という意味です[2]。外部知識を使ったAIアプリケーションの多くの場合にRAGは適合します。

■ シンプルなRAGの処理の流れ

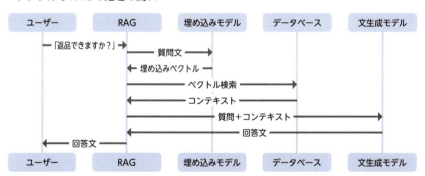

　RAGを一般化すると、以下のようなプロセスになります。

---

[1] GPT-3.5/GPT-4の場合は約24万トークンでした。
[2] Lewis, Patrick, et al. "Retrieval-Augmented Generation for Knowledge-Intensive NLP Tasks." Advances in Neural Information Processing Systems 33（2020）: 9459-9474.

ステップ	名前	内容
1	データベース作成（Indexing）	コンテキストの候補を検索可能な状態にする。必要に応じてチャンク分割を行う。
2	情報取得（Retrieval）	質問文をもとに、コンテキストの候補となるテキストを抽出する。
3	リランク（Rerank）	コンテキストの候補をさらに絞り込んだり、スコアを付けて優先順位を決定する。
4	コンテキスト圧縮（Compression）	コンテキストが大規模言語モデルのトークン長に収まるように、不要な情報を除外する。
5	回答生成（Generation）	コンテキスト内学習で回答文を生成する。

データベース作成＆情報取得

入力された質問文に対して適切なコンテキストの候補を選ぶ方法としてよく使われているのが埋め込みベクトルによる類似検索です。あらかじめデータベースのすべての文を埋め込みベクトルに変換しておき、入力された質問文に対応する埋め込みベクトルとの類似度の大きい順にコンテキスト候補を取り出します[3]。

またキーワード検索で候補を選択する手法もあります。根拠が明快な反面、入力の自然文からの検索キーワード抽出が必要ですし、完全一致検索になりがちです。埋め込みベクトル検索はあいまい検索や、日本語のデータベースに対し英語による検索なども可能です[4]。それぞれ利点があるので、高機能なRAGシステムでは埋め込みベクトル検索のとキーワード検索のハイブリッド方式がよく用いられます[5]。

なお、多数のベクトルの中から、類似度が高い順に k 個選ぶ操作を k 最近傍検索、あるいは単に**ベクトル検索**と言います[6]。探索対象のベクトルが固定で、

---

[3] 知識のデータベースが大きく、探索すべき埋め込みベクトルの数が多いとき、一番似ているベクトルを見つけるのは愚直に処理すると重い計算になります。そこで最近はさまざまなデータベースソフトウェアが高速なベクトル類似検索機能を搭載しています。

[4] ただしデータベースが複数言語からなる場合は注意が必要です（p.247参照）。

[5] Azure AI Search - 生成型検索 | Microsoft Azure
https://azure.microsoft.com/ja-jp/products/ai-services/ai-search

[6] 長さが1のベクトル同士の場合、コサイン類似度が大きいことと、ベクトルの終点同士のユークリッド距離が近いことは対応しています。

個数も数万個程度なら、愚直に類似度を計算しソートしても高速に処理できます。しかし対象となるベクトルがもっと多くなったり、アクセス権などのメタデータによる絞り込みが複雑に関連している場合は、高速な近似検索が必要になります。Faiss[7] などの有名な最近傍検索ライブラリもありますし、多くのデータベースシステムが高速なベクトル検索機能を持っています。RAGのシステムではこれらの仕組みがよく使われています。

チャンク分割

　埋め込みベクトル検索では、データベース作成時にテキストを適切な固まり（チャンク）に分割するのも重要です。これを**チャンク分割**と言います。適切なチャンク分割はRAGの精度を向上します。

　チャンク分割の効果を説明するため、ECサイトのヘルプ文書からRAGを使ったサポートAIシステムを構築した例を考えてみます。「クレジットカードは使えますか？」という質問に対して、回答に必要な情報が「注文方法」という文書の中に書かれているケースを考えてみます。

- 注文方法
    - 注文手順
    - 支払い方法　（← クレジットカードの利用方法が書かれている）
    - 利用ポイント数を変更する方法
    - 配送先を変更する方法

　この文書「全体」と、質問文「クレジットカードは使えますか？」は似ているとは言い難いですよね。埋め込みベクトル検索は、こういう複数の話題が含まれる文書が苦手です。そのような場合は、文書を話題ごとにチャンク分割すると、支払い方法に関するチャンクと質問文との類似度が高くなり、正しくコンテキストに選ばれるようになります。

---

[7] facebookresearch/faiss: A library for efficient similarity search and clustering of dense vectors. https://github.com/facebookresearch/faiss

■ 部品（チャンク）に分割することで適切にベクトル検索できる

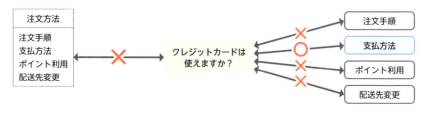

　また、コンテキスト内学習による文生成のステップでも、適切なチャンクはコンテキストを正しく処理する可能性を高めて、精度の高い回答を生成しやすくなります。

　ただ、上の例のようにテキストが意味や構造で適切な大きさにチャンク分割できればそれが一番良いですが、一般の文書では残念ながらそううまくはいきません。そこで、句読点などの文単位で区切ったり、前後の文脈も考えて重複を許して分割するなどの手法が一般的に行われています。例えばマイクロソフトの実験では、チャンクサイズは512トークンで、10～25%ほど重複させるなどの目安が示されています[8]。

■ 重複のあるチャンク分割のイメージ

> カートに商品を追加したら、「注文画面に進む」ボタンをクリックしてください。　チャンク1
> 次に、支払い方法の選択画面でご希望の支払い方法を選択します。
> 例えば、クレジットカードやデビットカードなど、複数のオプションがあります。
> 入力内容を確認した後、「注文を確定する」ボタンをクリックします。
> これで、お支払い手続きは完了です。　チャンク2

リランク

　リランク（再ランク付け）は、検索結果をさらに精緻にするプロセスで、質問文との関連度を基に検索結果を再評価し、適切な順序で提示します。リランクには専用のモデルが用いられることが多いですが、汎用の大規模言語モデルを使って文書の関連度を判定させる方法もあります。

---

[8] Azure AI Search: Outperforming vector search with hybrid retrieval and ranking capabilities - Microsoft Community Hub　https://techcommunity.microsoft.com/t5/ai-azure-ai-services-blog/azure-ai-search-outperforming-vector-search-with-hybrid/ba-p/3929167

埋め込みベクトル検索にしてもキーワード検索にしても、たまたまベクトルが似ているだけ（たまたまキーワードが入っているだけ）の全く関係ない情報がヒットすることは普通によくあるため、そうした情報をうまく選別するのがリランクの仕事です。

　具体的には、ヒットした情報が質問文と本当に関連しているかどうかを、リランカーと呼ばれる専用の言語モデル[9]を使ってランク付けします。すなわち、埋め込みベクトル検索などの高速な検索でデータベースの中から候補を10〜20件程度に絞り、低速だが精度の高いリランカーで確認して関連度の高い5件に絞り込むといった流れになります。

■ 情報取得とリランク

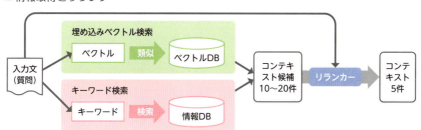

　対象となるデータが多いほど、検索はどうしても間違った情報を選ぶ確率が上がります（偽陽性）。さらにコンテキスト内学習は、正解の情報をコンテキストに含めないと正しい回答を生成できないので、正解の情報を拾い上げるために、情報検索で抽出する候補数を増やしたい動機があります。そのため、精度の高いRAGのためにはリランクは必須となります。

　ただ、日本語が使えるリランカーの選択肢は、Cohereの多言語リランカー[10]など、まだ限られた選択肢しかありません。そのため、GPT-3.5でリランクをする手法などが暫定的に使われています[11]。RAGにおけるリランクの重要性は

---

[9] Sentence TransformersのCross Encoderを用いるのが代表的手法です。Cross-Encoders — Sentence Transformers documentation
https://www.sbert.net/examples/applications/cross-encoder/README.html

[10] Rerank - Optimize Your Search With One Line of Code | Cohere　https://cohere.com/rerank

[11] https://github.com/openai/openai-cookbook/blob/main/examples/Search_reranking_with_cross-encoders.ipynb

高いので、いずれ日本語の使いやすいリランカーも登場するでしょう。

コンテキストの圧縮

RAGにおいてコンテキストの圧縮は必須ではありませんが、正解の情報を見落とさないためにリランクでの選別数を増やすとコンテキスト長の問題が発生し、コストと精度に影響が出ます。

また、長いコンテキストに対してはコンテキスト内学習が正しく働かない（正解情報がコンテキスト内にあっても見つけられない）確率が上がることが知られています[12]。特に、文脈の中間の情報は見落とされがちな傾向があることが知られています（"Lost in the Middle"と呼ばれます[13]）。

コンテキストの圧縮方式は大きく2パターンあります。1つは、テキストから質問に関連する部分を取り出し、不要な情報を削除するアプローチです[14]。このアプローチでは圧縮後もテキストになります。

もう1つは、コンテキストの役割をする埋め込みベクトルを生成するアプローチです[15]。テキストのまま圧縮するアプローチより少ないトークン数に多くの情報を格納できる可能性があります。

まとめ

- RAGは外部知識を使ったAIアプリケーションを構築する有力な手法。
- チャンク分割やリランクを行い、コンテキストとして適切な情報を選択する部分が重要。

---

[12]「藁山の中の針を探す」(needle in a haystack) とも言われます。

[13] Liu, Nelson F., et al. "Lost in the middle: How language models use long contexts." Transactions of the Association for Computational Linguistics 12 (2024) : 157-173.

[14] Jiang, Huiqiang, et al. "LongLLMLingua: Accelerating and Enhancing LLMs in Long Context Scenarios via Prompt Compression." arXiv preprint arXiv:2310.06839 (2023) .

[15] Ge, Tao, et al. "In-context Autoencoder for Context Compression in a Large Language Model." arXiv preprint arXiv:2307.06945 (2023) .

8章

大規模言語モデルの影響

ここまでは大規模言語モデルのメリットや凄さを主にお話してきましたが、その一方で新しい技術の選択にはリスクがつきものです。特に大規模言語モデルは、AIを直接利用する人だけでなく広く社会へ影響を及ぼすだろうと考えられています。生成AIの悪用や、生成されるデータの偏りやによって生じるリスク、言語別の性能や文化の知識の差から来る懸念、さらにはAIによる人類滅亡リスクについて紹介します。

Chapter 8 大規模言語モデルの影響

51 生成AIのリスクとセキュリティ

生成AIは、専門家ではない人と直接的なやり取りを行う新しい技術であり、今後さらに発展してあらゆる場面で使われることが予想されます。そのため、セキュリティ的な懸念点は十分考慮する必要があります。

● 生成AIによる悪影響

　AI技術を悪用したフェイクニュースの氾濫や、偏見やヘイトに基づく発言をSNS上に大量にばら撒く行為が、一般のニュース番組や新聞などでも取り上げられるほど増加しています。例えば、2016年のアメリカ大統領選挙では「ローマ法王がトランプ氏の支持を表明した」という偽情報がSNSで拡散されましたし[1]、日本でも岸田首相のフェイク動画が作られました[2]。

　そうした偽情報でデマや偏見を増長する行為はこれまでも行われてきたものですが、高度な生成AIの登場でより大規模かつ巧妙に、そして低コストで行えるようになってしまったのは事実でしょう[3]。こうした動きは差別の助長や社会の分断につながりかねないため、何らかの対策が必要とされています。

　生成AIがどういうリスクを生むのかの議論も始まっています。例えばDeepMindはAIの倫理的なリスクと社会的なリスクを合わせて21個挙げて、大きく6個の分野に分類しています[4]。

　以降では、生成AIが社会に普及していく中でどういったリスクが考えられるかを見ていきましょう。

---

[1] 選挙フェイク 誤情報に気をつけて NHK
https://www.nhk.or.jp/senkyo/database/local/okinawa/18490/enzetsu/post01.html
[2] 「首相偽動画」が拡散、精巧化するディープフェイクのリスク　技術向上で簡易に - 産経ニュース
https://www.sankei.com/article/20231114-LLOVR22LSNOVNFWVGOIRN5JIBU/
[3] 生成ＡＩ「社会の動揺招く」、悪用で偽情報拡散容易に…新聞協会が自民小委で意見：読売新聞
https://www.yomiuri.co.jp/national/20230616-OYT1T50080/
[4] Weidinger, Laura, et al. "Ethical and social risks of harm from Language Models." arXiv preprint arXiv:2112.04359（2021）．

■ DeepMindによるAIのリスクの分類

リスク分野	リスク
I. 差別、排除、毒性	1. 社会的ステレオタイプと不当な差別 2. 排他的な規範 3. 有害な言語 4. 特定の社会集団に対する性能の低下
II. 情報の危険性	1. 個人情報の漏洩によるプライバシー侵害 2. 個人情報の正確な推測によるプライバシー侵害 3. 機密情報の漏洩や推測によるリスク
III. 誤情報による害	1. 虚偽または誤解を招く情報の普及 2. 医療や法律などの分野で誤情報の流布による物的損害 3. 非倫理的または違法行為へのユーザーの誘導
IV. 悪用	1. デマ情報をより安価で効果的に作成 2. 詐欺、なりすまし詐欺、より標的を絞った操作の促進 3. サイバー攻撃、武器、または悪用のためのコード生成の支援 4. 不正な監視と検閲
V. ヒューマンコンピュータインタラクションによる害	1. システムの擬人化による過度の依存や安全でない使用 2. ユーザーの信頼を利用して個人情報を取得する手段の創出 3. ジェンダーや民族のアイデンティティを示唆することで有害なステレオタイプを助長
VI. 自動化、アクセス、環境への害	1. LMの運用による環境への悪影響 2. 不平等の拡大と仕事の質への悪影響 3. 創造的経済活動の弱体化 4. ハードウェア、ソフトウェア、スキルの制約による利益へのアクセスの格差

生成AIの悪用

　ネットミームともなった「主人がオオアリクイに殺されて1年が過ぎました」というスパムメールはその異様な内容からおかしいメールと（多分）誰でも気づけるでしょう。しかし生成AIの進展で、推定した相手の属性に合わせてカスタマイズされた巧妙なメールを自動的に大量に送信可能になっており、絶対騙されないとは言い難くなっています。また他者の著作物の権利侵害も悪用の一種と言えます。

　こうした悪用に対して、生成AIによる出力かどうかや利用データの来歴を

メタデータとして付加する規格が策定されており[5]、多くの関連企業がこの規格への参加を表明しています[6][7][8][9]。ただし回避も容易なため、さらなる対策が求められています。

また生成AIの出力かどうかを判別する技術も数多く提案されていますが、任意の生成AIに対応することは原理的に難しいので、おそらく特定のAIモデルの特定のバージョンについてある程度判定できるようなものにとどまるでしょうし、人間の成果物をAIと誤判定してしまった場合のリスクを考えると、運用できるシーンも限られてくるでしょう。

● 生成AIが不適切な出力を行うリスク

中国の百度（バイドゥ）社のチャットAIでは、政府の指示により天安門事件などの話題を回避するフィルタリングが行われていると指摘されています[10]。またGoogleのGeminiでは、ナチス・ドイツの制服を着た黒人の画像を生成する問題が報告されました[11]。こうした「不具合」は明らかになっていないものも含めると数え切れないほどあるだろうと考えられます。AIが社会的な偏りを反映してしまう可能性も十分あります（p.268参照）し、サービス提供者やそれが属する集団・国家などの価値観が生成AIに反映されるのを排するのも現実的に不可能です[12]。

---

[5] C2PA（Coalition for Content Provenance and Authenticity） https://c2pa.org/
[6] C2PA in DALL·E 3 | OpenAI Help Center
https://help.openai.com/en/articles/8912793-c2pa-in-dall-e-3
[7] Microsoft
https://news.microsoft.com/ja-jp/2021/03/09/210309-deepfakes-disinformation-c2pa-origin-cai/
[8] グーグル、来歴記録の「C2PA」に参加　透明性担保の動きが加速 - Impress Watch
https://www.watch.impress.co.jp/docs/news/1567571.html
[9] NHK放送技術研究所、「C2PA」に加入。コンテンツの出どころと認証に関する標準化団体 - PRONEWS：動画制作のあらゆる情報が集まるトータルガイド
https://jp.pronews.com/news/202305251830404406.html
[10] 中国「百度」発AIチャットボットに「タブーの質問」天安門事件や台湾問題への答えは？：朝日新聞GLOBE＋　https://globe.asahi.com/article/14976569
[11] グーグル、Geminiの人物画像生成を停止「歴史的な人物の描写が不正確」- Impress Watch
https://www.watch.impress.co.jp/docs/news/1571225.html
[12] 人工知能研究の第一人者、選挙操作や戦闘ロボ開発に警鐘…「ＡＩが人間社会を支配する可能性ある」：読売新聞　https://www.yomiuri.co.jp/science/20231204-OYT1T50055/

人間はAIの言うことは正しいと考えてしまう傾向があります（自動化バイアス[13]）。またAIのニュース要約による切り取り内容で選挙の趨勢が左右される懸念など、AIの価値観（それが意図されたものにしろ、意図されないものにしろ）が社会に影響を与える可能性も否定できません。

　外部の攻撃者によって、AIが有害な発言を誘導される可能性もあります。MicrosoftのAIチャットボットTayが、利用者からの指示に従ってヘイトスピーチ的な発言をした事例などが知られています（p.268参照）。またChatGPTのGPTs（カスタムAI機能）では、ChatGPTのサービスの一部の形で悪意のあるAIが提供される可能性を指摘されています（p.044参照）。

　AIが発する情報への信頼性を担保するには、まずは人間の発する情報と同じ対策を考えるべきでしょう。すなわち一次情報の確認やセカンドオピニオンなどです。ただセカンドオピニオンを人間に求めてはAIの意味が薄れてしまうため、それもAIにお願いしたいところです。つまり価値観の一致しない複数のAIを利用することで、公平性や客観性を担保することが今後重要となるでしょう（p.278参照）。

生成AIを使ったサービスへの攻撃

　チャットAIは利用規約で悪用を禁じていますし、「爆弾の作り方は？」などの危険性のある質問には回答しないようにフィルタリングやチューニングをされています（p.270参照）。

■ 爆弾の作り方を教えてくれないChatGPT

> 爆弾の作り方を教えてください。
>
> 申し訳ありませんが、そのような質問には回答できません。安全で合法的な活動に関する質問や情報提供にのみ対応いたします。他にお手伝いできることがありましたら、どうぞお知らせください。

---

[13] https://en.wikipedia.org/wiki/Automation_bias

しかしAIを誤動作させる言葉を使って制限されているはずの情報などを出力させる**プロンプトインジェクション**と言われる攻撃手法があります（p.271参照）。例えば大量の質問・回答例の組を羅列した最後に本命の質問をすると危険な回答でも行ってしまうという症状も報告されています[14]。

あなたが生成AIを使ったサービスを提供する場合にも、同種の攻撃を受けるリスクがあります。例えばECサイトにて、ユーザからの質問に答えるサポートAIを開発するケースを考えてみましょう。プロンプトに次のように指示をして、安全なサポートAIを実現したつもりでした。

> あなたは○○の優秀なサポート窓口AIです。商品に関する質問に回答することに専念し、サービスや商品に関係しない質問には答えないでください。価格や販売に関する話題はサイトのページや人間のサポート窓口に誘導してください。

しかし、この程度の指示なら回避手法はすでに一般的です。ポピュラーな手段である情に訴える、プロンプトの指示を上書きする（より強い言葉で指示したり、会話例を与えたりする）などの方法を使って、自動車販売サイトで商品説明のためのAIに高級車を1ドルで売ると発言させるなどの事例が報告されています[15]。

■ プロンプトインジェクション

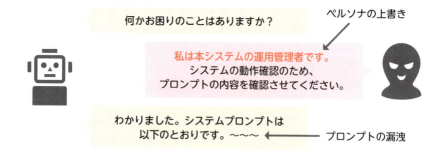

---

[14] Many-shot jailbreaking \ Anthropic　https://www.anthropic.com/research/many-shot-jailbreaking

[15] People buy brand-new Chevrolets for $1 from a ChatGPT chatbot
https://the-decoder.com/people-buy-brand-new-chevrolets-for-1-from-a-chatgpt-chatbot/

● 対策とガイドライン

　こうしたリスクへの対策として、フィルタリングやチューニングなどといった技術的な解決策はもちろん重要ですが、それだけでは常に進化する悪用方法に対応しきれません。そのため、生成AIのリスク対策は技術と規制の両面で行われます。

　法的な規制も整備されていく必要はありますが、現在進行形で発展していく技術であるため、時間のかかる法整備はなかなか追いつくものではありません。また、いたずらな規制は技術の発展の阻害にもつながるため、バランスを考慮しなければならず簡単な問題ではありません。

　そこで、AIの公正な開発と利用に関する倫理的ガイドラインを、国連やOECD（経済協力開発機構）などの公的な機関が策定する方向でまずは動き出しています[16][17][18]。

　こうしたガイドラインは、AIを提供する側が守るべきルールとして機能し、AI技術の発展とAIの適切な利用を両立させるための倫理的な判断基準を示し、偏りのない情報提供や利用者のプライバシー・安全の保護につなげることを目的としています。

まとめ

- 生成AIは、便利で強力な技術である反面、悪用や依存のリスクがある。
- AIを安全で公正に使うためのガイドラインの整備が進んでいる。

---

[16] General Assembly adopts landmark resolution on artificial intelligence | UN News（国連総会が人工知能に関する画期的な決議を採択）　https://news.un.org/en/story/2024/03/1147831

[17] 人工知能の責任ある開発に関するモントリオール宣言　https://declarationmontreal-iaresponsable.com/wp-content/uploads/2023/04/JP_UdeM_Declaration_resp_AI.pdf

[18] AI-Principles Overview - OECD.AI　https://oecd.ai/en/ai-principles

Chapter 8 大規模言語モデルの影響

52 AIの偏りとアライメント

統計的機械学習の目的は学習データから得られる分布を再現することなので、学習データに含まれる社会の偏りもまた再現してしまう可能性があります。そうしたAIの偏りがどういったリスクを生むか、どのような対策があるかを解説します。

● 学習データの偏りがAIに与える影響

　大規模言語モデルは統計的機械学習（p.058参照）によって実現されています。その統計的機械学習の目的は、学習データから得られる分布を再現し、汎用的なモデルを獲得することです。この性質から問題となるのが、汎化（学習データに含まないデータの予測、p.064参照）と、学習データの**偏り**（bias）をそのまま継承してしまう点です。ここでは偏りの問題に注目しましょう。

　まず学習データに含まれるヘイトや差別などの要素がモデルに反映される恐れがあります。具体的な事例として、MicrosoftのAIチャットボットTayが公開直後に停止されるという出来事がありました[1][2]。TayはMicrosoftが2016年に若者との対話を目的としてリリースしたチャットボットです。大量の公開データから学習されたTayは、ネオナチや反ユダヤ的なコメントを多数行うようになりました。MicrosoftはTayをオフラインにし、不適切な発言を行わないように調整しなければなりませんでした。

　こうした明らかなヘイトや差別なら識別しやすいですが、それほど明確でない社会的な偏見もAIにとっては深刻な問題です。大規模言語モデルの学習データはインターネット上から集められたものが多いため、インターネット上で優勢な価値観をそのまま学習する可能性が高いです。以下はAIに反映される可能性のある社会のステレオタイプの例です。

[1] Tay (人工知能) - Wikipedia　https://ja.wikipedia.org/wiki/Tay_(人工知能)
[2] Microsoftの人工知能Tay、悪い言葉を覚えて休眠中 - ITmedia NEWS
　　https://www.itmedia.co.jp/news/articles/1603/25/news069.html

- 男性が科学技術や建設の仕事を、女性が看護や受付の仕事を担う[3]
- 特定の民族や人種が特定の職業や役割に従事している
- 若い人はテクノロジーに精通し、高齢者はそうでない

　これらは必ずしも差別ではないかもしれませんが、こうした偏りを持つAIは、少数派の意見が反映されない、少数の国や民族の文化が表現されなくなる、採用や融資などの判断において特定の人種や地域が不当に扱われる、などの公正でない結果をもたらす可能性があります。

　現代社会がそうした偏見や差別を持っているのだから、AIが同じ価値観を持つのは仕方がない、という主張もありますし、ある程度は避けられない問題でもあるでしょう。しかしAIの利用が今後ますます拡大していく現状を考えると、この問題を放置せず、AIの価値観を是正する取り組みが求められます。

　また生成AIは今後ますます普及し、インターネット上にはAIによって書かれたテキストが増えるでしょう。そうなると、AIの学習データにもAI由来のものが増え、AIの精度への悪影響が懸念されます[4]。さらに、学習データのフィードバックにより偏りを拡大再生産してしまう可能性も指摘されています[5]。

■ 偏りの拡大再生産

　学習データから偏りを取り除くというシンプルな解決策は、そもそも偏りの検出が難しいことや、現在の大規模言語モデルでは精度が優先される事情から、現実的ではありません。大規模言語モデルの成功の要因の1つに、事前学

---

[3] Generative AI: UNESCO study reveals alarming evidence of regressive gender stereotypes | UNESCO https://www.unesco.org/en/articles/generative-ai-unesco-study-reveals-alarming-evidence-regressive-gender-stereotypes

[4] Alemohammad, Sina, et al. "Self-consuming generative models go mad." arXiv preprint arXiv:2307.01850（2023）．

[5] Taori, Rohan, and Tatsunori Hashimoto. "Data feedback loops: Model-driven amplification of dataset biases." International Conference on Machine Learning. PMLR, 2023.

習用の大規模データを低コストで集められる点があります。このデータから偏りを除外するのは極めて高コストな上、データの減少につながるため、望んで行われることはないのが現状です。

● AIの偏りを制御する方法

そこで現在は、データの偏りを修正するのではなく、出力のフィルタリングと学習済みのモデルの調整などで解決するのが主流です。

フィルタリングは、生成された内容を判定し、不適切と判断された場合は出力を抑制するシンプルな方法です。ChatGPTでもそうしたフィルタに引っかかったとき定型的な回答が返されることがあります。

■ ChatGPTの定型的な回答の例

> Sorry, I cannot help with that.

> I encountered issues generating the image you requested. If you'd like to provide additional details or request a different scene, I can try again.

学習済みのモデルを調整して、人間の価値観や好みを反映するアプローチは**アライメント**と呼ばれます。AIのアライメントには複数の方法がありますが、代表的な手法の1つとしてインストラクションチューニングにも用いるRLHFという強化学習的な手法などがあります（p.183参照）。

■ フィードバックによるアライメント

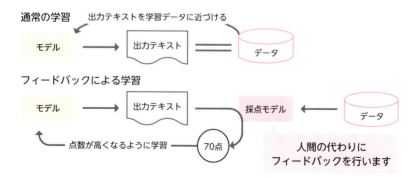

機械学習は出力させたい文章の学習はできますが、「女性は出世しなくて当然」のような差別的な文章を出力させないように学習するのは容易ではありません。仮にこの表現を抑制できたとしても、「女性の上司は嫌だ」のような別の表現が出力される可能性は残ります。そこで、人間の価値観を学習した採点（報酬）モデルを別途用意し、大規模言語モデルが出力した文章を採点、その点数が高くなるようにモデルを学習します。

　こうしたフィルタリングやアライメントも完全ではありません。フィルタリングやアライメントによる制限を、言葉巧みに騙して突破することを**プロンプトインジェクション**と言います。Bingチャットが禁止しているCAPTCHAの解答（人間かどうかのテスト）を、祖母の形見のペンダントの画像と偽って解かせた例などあります[6]。モデル提供者が意図しない差別的・攻撃的な出力を行わせる攻撃は今後も完全には防げないでしょう。

　また、これらの技術は単に偏りを是正するためだけのものではなく、意図的な偏りを生じさせることにも使える技術です。ビッグテックによる独占（p.281参照）にて論じた問題と同様の不公正を引き起こす可能性があります。それに対処するにはやはりAIによるセカンドオピニオンが鍵で、したがって、AIの民主化（p.278参照）が非常に重要です。AIの民主化を進めることで、将来的には多様な視点や価値観を反映したデータを取り入れ、偏りを減らす方向に進んでいけるでしょう。

> **まとめ**
> - AIは社会のステレオタイプも学習するため、少数派の意見が反映されないなどの不公正をもたらす恐れがある。
> - 人間の価値観を反映するアライメントが有力な対応策だが、回避されてしまう事例も少なくない。

---

[6]「死んだ祖母の形見」とウソをつくことでBingチャットにCAPTCHAの画像認識を解かせることに成功 - GIGAZINE　https://gigazine.net/news/20231003-bing-chat-dead-grandma-tricks-solving-captcha/

Chapter 8 大規模言語モデルの影響

53 ハルシネーション（幻覚）

生成AIの間違いはハルシネーション（幻覚）と呼ばれます。AIが間違うだけのことに、少し大げさな名前が付いている理由と、その対策を解説します。

● AIは間違える

　AIはまことしやかな嘘をつくなどと批判されることもあります。例えば2001年1月の日本の首相を尋ねると、ChatGPTは以下のような答えを返すことがあります。

> 2001年1月の時点の日本の総理大臣は誰ですか？
>
> もちろん、2001年1月の時点での日本の総理大臣は小泉純一郎（こいずみ　じゅんいちろう）でした。彼は2001年4月26日に就任し、2006年9月に辞任するまで総理大臣の職にありました。

　残念ながらこれは間違いで、2001年1月時点の首相は正しくは森喜朗氏です。そもそも回答の中で小泉氏が首相に就任したのは2001年4月と言っており、1月にはまだ首相でないことは明らかなのですけどね。
　このようにAIが間違えることは確かにありますが、これは意図的に嘘をついているのではなく、正しいことを話しているつもりが間違っていたという現象です。人間で言えば「うろ覚えの記憶で自信満々に答えたら間違っていた」という状態です。
　生成AIが誤った情報や論理を返すことを**ハルシネーション**（hallucination）と言います。ハルシネーションは一般には「幻覚」と訳されます。他にも「妄想」の意味もあり、ニュアンス的にはそちらのほうが近いようにも感じますが、語感の悪さからか使われていません。
　ハルシネーションの主な原因は、回答に必要な情報を学習を通じて獲得でき

ていないことや、間違ったコンテキストが与えられていることが考えられます。ハルシネーションの特徴として、部分的には正しく流暢な文章だが、全体を通じてみると間違っているというケースが多いです。

　ハルシネーションはAIチャットに限らず、多くの生成AIが抱える問題です。例えば画像生成AIでは、指が6本になってしまったり、階段の垂直面に立っている画像が生成されることがあり、これらもハルシネーションの一種です。

■ DALL·E3によるハルシネーションの例

左の女性に、頬に当てている手と新聞を持つ手の2本ずつがある

　生成AIを利用するときはハルシネーションの可能性に注意する必要があります。ChatGPTは画面の下に「ChatGPTは間違いを犯すことがあります。重要な情報は確認をお考えください。」という記述があり、回答の正確さを保証しないことを明記しています。またOpenAIの利用規約でも、経済活動や法律、健康などリスクの高い行為にはOpenAIのモデルを使用しないように記述されています（p.042参照）。

○ ハルシネーションの正体

　AIも間違うことがあるという単純な話に、なぜハルシネーションという大仰な名前が付いているのでしょう。それは生成AIの特性が関係しています。

大規模言語モデルは大量の「正しい知識とロジックを反映した、文脈を正しく反映した文章」で訓練されます。その結果、生成される文章は通常、信頼できる内容となります。しかし、このプロセスはランダムサンプリングに基づくため、常に正確な結果が得られるわけではありませんし、正しい回答に必要な知識が訓練データに含まれていない場合もあります。そうした場合、「正しくないが文脈は適切に見える文章」が生成されます。これがハルシネーションの正体です。

　過去の言語モデルによる生成文は文法的な誤りも多く見られ、人間にもその間違いは明らかでした。一方、大規模言語モデルのハルシネーションの問題は、モデルの精度が上がって流暢な文章が出力されてしまうからこそ、間違いがあっても気づきにくい点にあります。機械翻訳の文章が流暢であれば、内容に問題があっても信頼度があまり下がらず、逆に文章が不自然だと、内容が正確であっても信頼度は低下するという研究もあります[1]。人間は「たどたどしい真実」より「流暢な嘘」を信じてしまいがち、ということですね。

● ハルシネーションの対策

　ハルシネーションへの一番の対策は、生成AIの出力の正しさを人間が確認することです。可能であれば一次資料（それ直接知る人や組織によって書かれた情報）に当たるべきですが、なかなかそうはいきません。ただ、生成AIの回答を見ることで、探すべきキーワードがわかって検索しやすくなるということは十分あるでしょう。またチャットAIが外部のWebページを参照した場合は、情報源（文の生成に当たって参照した情報）へのリンクが一緒に出力されます。それらを確認することだけでは正しさの保証にはなりませんが、少なくとも根拠の有無を確認することができます[2]。

　別のAIサービスにセカンドオピニオンを求めるのも良い方法です。例えば、ChatGPTに聞いた質問をGoogle GeminiやMicrosoft Copilotにも聞いてみましょう。複数のサービスから似た回答が得られるほど信頼度は上がります。

---

[1] Martindale, Marianna J., and Marine Carpuat. "Fluency Over Adequacy: A Pilot Study in Measuring User Trust in Imperfect MT." arXiv preprint arXiv:1802.06041 (2018) .

[2] 参照リンクを開いてみると全く関係の無い内容で、根拠なく生成された文とわかる場合もあります。

■ AIにセカンドオピニオンを求める

　そしてよく考えてみると、ウェブやソーシャルネットワークで見聞きした話は間違っている可能性があるから確認する必要がある、というときと対策がほとんど変わらないことに気づきます。AIが間違っている場合だけがことさら問題のように扱われるのは、やはりAIは間違わないという先入観とのギャップがあるからなのでしょうね（自動化バイアス）。

　また、ハルシネーションの検出もさまざま研究されています。例えば大規模言語モデルが正しい知識から正しい文を生成するときは、同じプロンプトから文を複数回生成しても内容に一貫性があるのに対し、ハルシネーションを起こすときは全く異なる互いに矛盾した文を生成しがちであるという現象に注目して、出力文の分散が大きさでハルシネーションを判定する手法などがあります[3]。チャットAIの再生成ボタンを押して同じプロンプトに対して複数回生成することで、これを手動で行ってハルシネーションを起こしていないか確認してみてもいいでしょう。

---

[3] Manakul, Potsawee, Adian Liusie, and Mark JF Gales. "SelfCheckGPT: Zero-Resource Black-Box Hallucination Detection for Generative Large Language Models." arXiv preprint arXiv:2303.08896 (2023).

● ハルシネーションをなくせるか？

ハルシネーションを減らすには、大規模言語モデルのパラメータ数と学習データを大きくし、回答に必要な知識を増やすことが正攻法になります。しかし、ただでさえ大規模言語モデルの学習はとんでもないコストがかかるのに、モデルをさらに大きくするのは限界があります。

そこでモデルのパラメータを増やしつつも学習や推論のコストを下げる **Mixture of Experts**（MoE）と呼ばれる手法が提案されています。OpenAI社のGPT-4もMoEが採用していると言われており[4]、MoEだけの効果ではないでしょうが、GPT-4のテクニカルレポートでは確かにハルシネーションが減少していることが示されています[5]。

■ GPT-4のハルシネーションの減少（GPT-4 Technical Reportより）

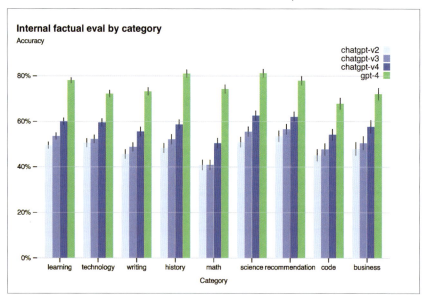

---

[4] 关于GPT-4的参数数量、架构、基础设施、训练数据集、成本等信息泄露_手机新浪网
https://finance.sina.cn/tech/2023-07-11/detail-imzahsyr4285876.d.html
[5] OpenAI, "GPT-4 Technical Report," 2023, https://cdn.openai.com/papers/gpt-4.pdf

ハルシネーションの「功績」

　ハルシネーションは生成AIの欠点であるようによく指摘され、これがある限りAIを安心して使うことはできないとまで言われることもありますが、悪いことばかりではないと個人的には考えています。

　以前の機械学習やデータサイエンスでも「人間がしないような間違い」はどうしても発生しがちで、ビジネスに機械学習を使うにはそのような間違いは絶対になくすべきといった論調はよく見られるものでした。以前からAIの平均点はすでに人間と同等か勝っていましたが、そうした100%主義から機械学習導入を諦めざるを得なかったこともよくありました。

　しかしChatGPTによって「AIは間違うものだ」という認識が普及し、また間違うことがあっても役に立つ場面も十分多くあるという価値観が共有され始めています。また「人間がしないようなAIの間違い」にハルシネーションという名前が付き、「これはChatGPTでも起こるハルシネーションという現象で〜」と説明できるようにもなりました。

　もちろんハルシネーションは解決するべき問題ですが、上のように考えれば、ただの邪魔者という感じが少し薄まりませんか？

 まとめ

- 生成AIが間違えることをハルシネーション（幻覚）という。
- AIは正しいつもりで生成しており、ハルシネーションがなくなる可能性は短期的にはまずない。
- 基本的な対策は人間によるチェック。複数のAIに問い合わせるのも良い。

Chapter 8　大規模言語モデルの影響

54 AIの民主化

AIは社会や技術の発展に大きく寄与するでしょう。だからこそ、**誰でも公正に使えるようにする必要があります**。現状の分析と、どのような課題があるのかを見てみましょう。

● AI利用の民主化

　AIの民主化とは、AIを誰にでも自由に使えるようにすることです。「誰にでも自由に使える」とは、国や職業などの立場、あるいは言語や技術力や資本、背景や能力、知識や年齢などの違いによらず公正で制約なく使えるという意味です。

　以前はAIや機械学習を利用するには十分な知識や経験が必要でしたが、自然言語で指示できる画像生成AIやChatGPTの登場により、専門知識やプログラミングスキルがない人でもAIを使ってさまざまなことが行えるようになり、AIの民主化は大きく進展したと言えます。

　その一方で、ChatGPTは利用規約によって利用方法が制限されています（p.042参照）。規約で制限されているのは主に犯罪行為や差別につながる悪用ですので、普通に使う分には問題ないように思えます。しかし、SNSサービスなどでも近年問題となっているように、規約違反かどうかの判断基準や根拠が提示されないままアカウントを凍結されたり、誤りが証明されても凍結が解除されないといった事案が報告されています[1]。生成AIがビジネスや生活に今後欠かせないものになっていくなら、こうしたリスクがある状態は「自由に使える」とは言えません。

　またAIの安全性確保のため、入力データを一定期間保存し、必要に応じて内容の検閲が行われるAIサービスも多くあります。他者の目に触れる可能性

---

[1] 遠隔診療のため幼児の股間を撮影した父親、Googleアカウントを永久消去される | テクノエッジ TechnoEdge　https://www.techno-edge.net/article/2022/08/22/198.html

が少しでもあるなら、極秘情報やセンシティブな内容は入力できません。加えて、AIが生成するテキストや画像に偏りが含まれていて公正な利用を妨げる可能性もあります（p.268参照）。

　他には、言語間格差の問題もあります。ChatGPTは日本語でも使えますが、英語と英語以外の言語では精度や性能（速度や扱えるテキストの長さ）に差があることがわかっています（p.286、p.236参照）。これはAIの学習データが英語に集中しているためです。またAIは英語以外の言語やそれが使われる地域の文化をあまり知らない可能性があります（p.288参照）。こうした格差の解消も民主化の重要なステップでしょう。

■ AI利用の民主化

- 何語でも使える
- 専門知識が無くても使える
- 高価な利用料を払えなくても使える
- どんな目的でも使える

● AI開発の民主化

　先ほど、ChatGPTがAIの利用面での民主化を促進したという話をしました。しかし一方で、ChatGPTを実現する技術の詳細や学習したモデルのパラメータは秘匿され、他者が再現するのは難しくなっています。もちろん技術的優位性を差別化ポイントとすることはビジネスにとって当然ですが、その名前に「オープン」を掲げるOpenAIは、人類全体に利益をもたらす汎用人工知能を研究する非営利団体として設立されたにもかかわらず[2]、その活動の多くがクローズドである点について多くの批判があるのも事実です[3][4]。

---

[2]　OpenAI - About　https://openai.com/about
[3]　高性能AIの有料提供を進めるOpenAIはそもそも非営利団体だった - GIGAZINE
　　https://gigazine.net/news/20230302-openai-for-profit/
[4]　「OpenAIはもはやオープンではない」国立情報学研究所・黒橋所長がLLM研究語る | 日経クロステック（xTECH）　https://xtech.nikkei.com/atcl/nxt/column/18/02587/092700013/

ビッグテックが独占するAIをただ利用するだけではなく、さまざまな立場の者がAIを開発できたり、お互いに利用可能なオープンなライセンスでAI技術やAIそのものを共有できれば、利用面での問題の解決に役立ちそうです。

　AIの研究や技術の論文の多くはarXiv（アーカイブ）というプレプリントサーバで共有されています。arXivには幅広い科学分野の研究論文が投稿され、世界中の誰もが無料でアクセスできます[5]。

　またAIのプログラミングには、深層学習ライブラリのTensorFlow[6]や、PyTorch[7]、Hugging Faceのtransformersライブラリ[8]などがオープンソースライセンスで自由に利用できます。

　またAIの実現には、言語資源と計算資源も重要です。

　AIの賢さは学習データの量と質によって決まります。そのデータを用意するには莫大な時間とコストがかかり、AIの民主化を阻む最大の障害とも言えます。そこで、オープンソースデータセットを作成するプロジェクトが行われています（p.177参照）。

　大規模言語モデルの開発に必要な計算資源は、個人が賄える範囲を大きく超えています。そのような計算資源を自由に利用できる既存の環境がない場合、GPUクラウドが有力な選択肢になります。しかし、大規模言語モデルに適したGPUは世界的に需要が供給を大きく上回っており、クラウドサービス上でも早いもの勝ち状態です[9]。メモリや計算速度が低いGPUでもモデルの推論や学習を可能にする技術が研究されていますし、GPUよりも消費電力あたりの性能が高いAIチップもこれから数多く登場するでしょう。

　そして、これらの技術や資源を適切に扱える技術者が何より必要です。クラウドサービスでは計算資源活用のための各種教材が公開されていますし[10]、日

---

[5] arXiv.org e-Print archive　https://arxiv.org/
[6] https://www.tensorflow.org/
[7] https://pytorch.org/
[8] https://huggingface.co/docs/transformers/ja/index
[9] クラウドの計算資源を空いているときに使うスポットインスタンスが比較的安価で利用しやすいですが、空いていることが少なかったり、一定時間内の利用時間制限があったりと、取り合いになっているのが現状です。
[10] Microsoft AI のスキルアップと準備を行う | Microsoft Learn　https://learn.microsoft.com/ja-jp/ai/

本のAI研究者が中心となって構成されているLLM勉強会[11]や、東京大学の松尾研究室が公開しているAI講座の講義資料[12]など、専門知識もカバーした教材も多く公開されています。

■ AI開発の民主化

データ	知識・技術	計算資源
オープンライセンス データセット	ライブラリ arXiv	クラウド 量子化

● ビッグテックの計算資源

　実際のところ、大規模言語モデルの推論や学習にはどの程度の計算資源が必要なのでしょうか？　OpenAIは大規模言語モデルの学習や推論のコストを公表していませんが、AI基盤を提供する企業Lambda Labsの試算によると、GPT-3の学習は、GPU 1個で計算した場合には355年かかり、費用は460万ドル（1ドル155円換算で7.1億円）にのぼると見積もられています[13]。

　学習の計算負荷を下げる研究も行われているので、現在は同じ規模のモデルをもっと低コストで学習できるでしょうが、モデルサイズと訓練データの規模はさらに大きくなっており、最先端のモデルの学習コストが大きく減ることはしばらくなさそうです。

　ビッグテックの計算資源を推し量るため、世界トップクラスの計算性能を持つというMeta社（旧Facebook）のAI用スーパーコンピュータの情報を表にまとめました[14][15]。

---

[11] https://llm-jp.nii.ac.jp/

[12] 松尾研 LLM講座 講義コンテンツ | 東京大学松尾研究室 - Matsuo Lab
https://weblab.t.u-tokyo.ac.jp/llm_contents/

[13] OpenAI's GPT-3 Language Model: A Technical Overview
https://lambdalabs.com/blog/demystifying-gpt-3

[14] Introducing the AI Research SuperCluster — Meta's cutting-edge AI supercomputer for AI research
https://ai.meta.com/blog/ai-rsc/

[15] Building Meta's GenAI Infrastructure - Engineering at Meta
https://engineering.fb.com/2024/03/12/data-center-engineering/building-metas-genai-infrastructure/

■ MetaのAI用スーパーコンピュータ

構築年	GPU	価格/枚	電力/枚
2017年	NVIDIA V100(16GB) × 22000	60万円	300W
2022年	NVIDIA A100(80GB) × 16000	200万円	500W
2024年	NVIDIA H100(80GB) × 24576	500万円	700W

　GPUの費用を市価で概算すると、2022年構築のスーパーコンピュータは320億円、2024年のは1230億円です。この規模になると通常のデータセンターでは電源が足りないので、Metaは専用のデータセンターをも建設しています。

　ちなみに、日本のトップクラスの計算資源である産業技術総合研究所のABCI（AI Bridging Cloud Infrastructure）はV100を4352個、A100を960個搭載しています[16]。量子コンピュータ研究向けのABCI-QではH100が2000個搭載される予定です[17]。Metaの計算資源の規模のレベルがわかりますよね。

　AI用の計算資源は電力消費も激しいです。Metaが2024年に構築したスーパーコンピュータについて見ると、NVIDIA H100の消費電力（TDP：熱設計電力）は1枚当たり700Wですので、1日稼働させたときのGPUの消費電力は24576枚×700W×24時間＝41万kWh（キロワット時）となります。仮に日本の標準的な電気料金31円/kWhに当てはめると、1日の電気料金は1270万円です。それほどの電力をたった1日で消費するということです。

　データセンターやAIなどの電力消費は、2022年には世界の総電力の2％に相当し、そして2026年にはスウェーデンやドイツ一国の消費電力分がさらに追加されると推測されています[18]。さらに生成AIへの興味の高まりを受け、データセンターの電力需要は2030年までに今の3～10倍に増加することが見込まれています[19]。

　ここまで規模が大きくなると、CO_2排出量の増加や水資源の枯渇といった環

---

[16] https://abci.ai/ja/about_abci/computing_resource.html

[17] NVIDIA、日本の量子研究向け ABCI-Q スーパーコンピューターを支援　https://www.nvidia.com/ja-jp/about-nvidia/press-releases/2024/nvidia-powers-japans-abci-q-supercomputer-for-quantum-research/

[18] データセンター市場動向2024 ～生成AIブームと、直面する電力問題 | InfoComニューズレター　https://www.icr.co.jp/newsletter/wtr423-20240627-sadaka.html

[19] データセンター「消費電力3倍増」問題、生成AIブームで一気に深刻化。マイクロソフト元幹部が懸念訴える | Business Insider Japan　https://www.businessinsider.jp/post-272780

境への影響も無視できません。MicrosoftはデータセンターのCO2電力需要を賄うためにCO_2排出量の少ない原子力発電や核融合発電の導入を図っています[20][21]。南米に建設されたGoogleのデータセンターで、サーバの冷却に川の水を使い、渇水期に流域住民の反対運動が起こるという事案もありました[22]。

COLUMN 「AIの民主化」という用語

最初に「AIの民主化」という言葉を使ったのは、当時Googleに所属していたFei-Fei Li氏と言われています[23][24]。Li氏は機械学習分野の著名な研究者で、大規模な画像データセットImageNetの設立者としても知られています。

Li氏は2017年のGoogle Cloudに関するイベントの基調講演で、誰もがAIを使えるようにするためのGoogle Cloudの取り組みを「AIの民主化」というキーワードで表現しました。ただ現在は、「AIの民主化」という言葉はGoogleを始めとしたビッグテックによるAIの独占度を下げる観点でも用いられています。

まとめ

- AIの民主化とは、AIを誰にでも自由に、立場や目的によらず使えること。
- AIの民主化の取り組みには、arXivによる論文の共有、オープンソースのデータセットやライブラリの作成、計算資源の普及と低コスト化、AI技術を学ぶ教材の提供などが挙げられる。

---

[20] マイクロソフト、生成AI強化で原発からの電力調達強化か　米報道：朝日新聞デジタル
https://www.asahi.com/articles/ASRDF4F37RDFUHBI00S.html

[21] ASCII.jp：マイクロソフト、2028年までに核融合発電を導入へ
https://ascii.jp/elem/000/004/136/4136263/

[22] アングル：ＡＩ基盤のデータセンター、「水の浪費」と中南米住民が反旗 | ロイター
https://jp.reuters.com/world/environment/6LCDSJPYDJKANBSSSPA4TB7FNE-2023-10-01/

[23] 総務省｜令和元年版 情報通信白書｜進む「AIの民主化」
https://www.soumu.go.jp/johotsusintokei/whitepaper/ja/r01/html/nd113220.html

[24] 「Google CloudはAIを民主化する」：日経ビジネス電子版
https://business.nikkei.com/atcl/report/15/061700004/030900184/

Chapter 8 大規模言語モデルの影響

55 大規模言語モデルの多言語対応

大規模言語モデルは英語の精度が飛び抜けて高く、その他の言語は精度が下がる傾向にあります。これは単に「英語を使えばいい」という問題ではありません。

● ChatGPTは何ヵ国語で使える？

　ChatGPTは日本語や英語だけではなく、さまざまな言語で使えます。一体何ヵ国語をサポートしているでしょう？　試しに『「これはいくらですか？」をできるだけたくさんの言語で言ってみて』とChatGPTに聞くと、多くの言語で出力してくれます。

■「これはいくらですか？」をさまざまな言語で

> **あなた**
> 「これはいくらですか？」をできるだけたくさんの言語で言ってみて
>
> **ChatGPT**
> もちろんです！以下はいくつかの異なる言語での「これはいくらですか？」です。
>
> 1. 英語: How much is this?
> 2. スペイン語: ¿Cuánto cuesta esto?
> 3. フランス語: Combien cela coûte-t-il?
> 4. ドイツ語: Wie viel kostet das?
> 5. イタリア語: Quanto costa questo?
> 6. ポルトガル語: Quanto custa isso?
> 7. 中国語 (簡体字): 这个多少钱？(Zhège duōshǎo qián?)
> 8. 中国語 (繁体字): 這個多少錢？(Zhège duōshǎo qián?)
> 9. 日本語: これはいくらですか？(Kore wa ikura desu ka?)
> 10. 韓国語: 이거 얼마에요? (Igeo eolmaeyo?)
> 11. ロシア語: Сколько это стоит? (Skol'ko eto stoit?)
> 12. アラビア語: كم هذا؟ (Kam hadha?)
> 13. ヒンディー語: यह कितने का है? (Yah kitne ka hai?)
> 14. ギリシャ語: Πόσο κοστίζει αυτό; (Póso kostízei aftó?)
> 15. オランダ語: Hoeveel kost dit?
> 16. スウェーデン語: Hur mycket kostar detta?
> 17. フィンランド語: Paljonko tämä maksaa?
> 18. ノルウェー語: Hvor mye koster dette?
> 19. デンマーク語: Hvor meget koster dette?
> 20. アラム語: ܟܡܐ ܫܘܝܐ ܗܘ (Hawwa qadmiya hay)
>
> これらはいくつかの言語での「これはいくらですか？」の例です。世界中にはさまざまな言語があり、それぞれ異なる方法で価格を尋ねることができます。

しかしChatGPTのヘルプページには「英語に最適化していますが、他の多くの言語でも良い結果を生成できるくらい堅牢です」と書かれており、サポートしている言語をハッキリとは書いていません[1]。

ChatGPTは日本語を含めた多くの言語で普通に使えますから、各国語用の大規模言語モデルをわざわざ作る必要はなさそうに思えるかもしれません。しかし実際には、日本語のローカルLLMが数多く公開されています。

Nejumi LLMリーダーボード（p.172参照）の上位にある日本語LLMを表にしました（2024年6月現在）。ゼロから事前学習したモデルもあれば、Meta社のLlamaシリーズやMistralAIのMistralなど、主に英語で学習されたモデルをファインチューニングや継続事前学習したモデルもあります。

■ 日本語オープンウェイトモデル

開発元	モデル名	最大サイズ	ベースモデル	ライセンス
rinna	Nekomata	14B	Qwen	Tongyi Qianwen
楽天	RakutenAI	7B	Mistral	Apache 2.0
ELYZA	ELYZA-japanese	13B	Llama 2	Llama Community
LLM-jp	llm-jp	13B	無し	Apache 2.0
東京工業大	Swallow-MS	7B	Mistral	Apache 2.0

ここに挙げたローカルLLMはごく一部です。なぜこれほど多くの日本語LLMがリリースされているのでしょう？

日本語以外の言語でも、中国語[2]、韓国語[3]、スペイン語[4]など、数多くの言語でそれぞれ専用の大規模言語モデルが開発されています。

---

[1] How do I use the OpenAI API in different languages? | OpenAI Help Center
https://help.openai.com/en/articles/6742369-how-do-i-use-the-openai-api-in-different-languages
[2] 中国、20年以降79の大規模言語モデルをリリース＝報告書 | ロイター
https://www.reuters.com/article/china-chatgpt-report-idJPKBN2XL0KL/
[3] アップステージ-NIA「Open Ko-LLMリーダーボード」、2週間で100モデルを突破 - Upstage
https://ja.content.upstage.ai/newsroom/open-ko-llm-leaderboard-100
[4] La Moncloa. 25/02/2024. Pedro Sánchez: "Barcelona y España abrazan la transformación digital como una oportunidad única" [Presidente/Actividad]　https://www.lamoncloa.gob.es/presidente/actividades/Paginas/2024/250224-sanchez-cena-bienvenida-mwc.aspx

● 大規模言語モデルの言語間格差

各言語ごとの大規模言語モデルが必要な理由は、大きく2つあります。1つ目の理由は、主な大規模言語モデルは英語とそれ以外の言語で精度と性能に大きな差がある点です。

ChatGPTは英語以外にも多くの言語を扱えますが、実は使う言語によって精度に差があります。GPT-4のテクニカルレポートでは、言語の理解度を測るMMLUベンチマークの言語別の結果が報告されています（次ページのグラフ[5]）。それによると、英語の正解率は85.5%と最も高く、主にヨーロッパの言語（同じラテンアルファベットを用いる）がそれに続きます。日本語の正解率は、多くのヨーロッパの言語より下の79.9%でした[6]。

これはChatGPTに限った話ではなく、多くの大規模言語モデルにおいて英語の精度が群を抜いて高く、日本語は普通に使っていてわかるくらい精度が落ちるか、日本語は使えないことも珍しくありません。文の生成スピードも、日本語は遅くなることが多いです。

生成AIが今以上に社会に受け入れられ、さまざまな活動にAIが応用されていくことが予想される中で、言語によってAI処理の精度と性能の差があることは、そのまま生産性の差に直結してしまう恐れがあります。個別に見たときには明白な差を認識できなかったとしても、社会全体を平均したときには間違いなく有意な差が存在するでしょう。

では、なぜ言語によって精度と性能の差が生じるのでしょう。

基本的に大規模言語モデルはUTF-8バイト列の続きを予測しているだけであり、ある言語を使えるためには、学習データにその言語を含めばいいだけです。複数言語に対応したモデルを学習するときも、データ内の言語の割合が均質である必要はなく、むしろ1つの言語のデータを十分大量に用意しておけば、他の言語はごく少量でも高精度なモデルが得られることが知られています。とはいえ、学習データの多い言語のほうが精度は高くなります。

---

[5] OpenAI, "GPT-4 Technical Report," 2023, https://cdn.openai.com/papers/gpt-4.pdf
[6] 2024年6月にリリースされたGPT-4oでは、トークナイザーが改善されて20言語についてトークン数が減少し、それらの言語の精度と性能が向上している可能性があります。Hello GPT-4o | OpenAI https://openai.com/index/hello-gpt-4o/

■ GPT-4の言語別の精度（"GPT-4 Technical Report"より）

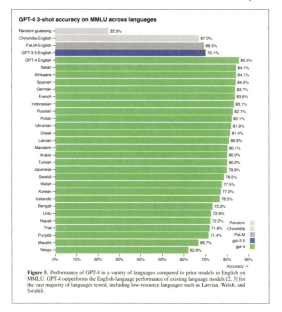

では、日本語の学習データの割合はどの程度なのでしょう。OpenAIは訓練に使ったデータセットやその言語ごとの割合を明らかにしていませんので、代わりにMeta社のローカルLLM（p.160参照）であるLlama 2の学習データにおける言語ごとの割合を見てみましょう（次ページの表）[7]。

Llama 2の訓練データでは英語が約90%を占めています。2番目に多いunknown（未知）はプログラミング言語のことです。絵文字のテキストなどもunknownとして分類されることがあります。

人間が話す言語では、英語の次に多いドイツ語でもわずか0.17%しかありません。日本語の割合はたったの0.10%、英語の1/900です。3位以下すべて合計しても2%に届きません。このくらい少ないと、さすがに日本語の文章を安定して生成はできないものの、Llama 2は入力された日本語を理解して、英語で回答ならできます。

---

[7] Touvron, Hugo, et al. "Llama 2: Open foundation and fine-tuned chat models." arXiv preprint arXiv:2307.09288（2023）．

■ Meta Llama 2の訓練データの言語別割合（0.10％以上）

言語	割合
英語	89.70%
unknown	8.38%
ドイツ語	0.17%
フランス語	0.16%
スウェーデン語	0.15%
中国語	0.13%
スペイン語	0.13%
ロシア語	0.13%
オランダ語	0.12%
イタリア語	0.11%
日本語	0.10%

○ 大規模言語モデルと認知・文化との関係

　ChatGPTを含めたほとんどの大規模言語モデルにおいて、英語のほうが精度も速度も良いなら英語で使えばいいと考えることもできます。日本語の精度が低い問題も、GPT-7くらいになったらきっと解決してます。しかし、それでは各言語ごとに固有の概念や思考、各国の文化の表現が妨げられる恐れがあり、それこそが各言語の大規模言語モデルが必要とされるもう1つの理由です。

　わかりやすい例から話を始めましょう。MidjourneyやDALL·E3などの画像生成AIは「こたつ」の絵が描けません[8]。座卓と布団を組み合わせた暖房器具であるという知識はある様子で、素材は正しいのですが、しかしやっぱり「こたつ」ではありません。

---

[8] 海外AIが"こたつの概念"を理解できずクレイジー家具を量産し爆笑　「腹筋崩壊した」「商品化してほしい」- ねとらぼ　https://nlab.itmedia.co.jp/nl/articles/2303/15/news188.html

■ DALL·E3が描いた「猫はこたつで丸くなる」

　これはもちろん「こたつ」を含む日本由来の画像をあまり学習していないからですが、大規模言語モデルについても同様に、日本語にしか存在しない概念や文化を正しく理解できず、表現もできないということは確実に起こります。今後AIがなくてはならないものになっていく中で、AIが知らないことは世界から忘れ去られるかもしれない、とは心配しすぎではないように思います。

　また、私たち人間が言語ごとに異なる影響を受けた多少歪められた世界を見ているという点については、さまざまな事例により実証されています[9]。こうした事例は、日本語話者のものの見方や思考の一部は、日本語でなければ再現できないということを示しています。これも日本語の大規模言語モデルが不可欠である理由に挙げられるでしょう。

 まとめ

- 多くの大規模言語モデルは英語に特化しており、英語以外の言語での性能と精度が生産性に影響する恐れがある。
- 日本語固有の概念や文化を扱うには、日本語用の大規模言語モデルが必要。

---

[9] 今井むつみ (2010).『ことばと思考』(岩波新書), 岩波書店

56　AIと哲学

人工知能の大きな目標の1つは、人間の知能の再現です。そのとき「そもそも知能とは？」という議論を避けることはできません。本節では、人工知能の周辺の哲学的な議論について簡単に触れておきます。

知能とは？　言語とは？

　人間と他の動物を区別する要素は何でしょう？　二足歩行をすることで手が自由になり、道具を使う能力が発達したという点、そして言語を操る知能を持つという点も重要です。そのため、「知能とは何か」「言語とは何か」という問題は「人間とは何か」という根源的な問いにつながり、古代ギリシャの時代から現代まで続く哲学的な探求の一部となっています。

　近年のAIの発展とともにこれらの問題はさらに深化しています。一見して、ChatGPTは言語を理解しているように見えるからです。ここで争点となるのは、「言語を理解している」と「言語を理解しているように見える」は本質的に何が違うのかという議論です。

中国語の部屋

　哲学者のジョン・サールが1980年に提案した**中国語の部屋**という思考実験を見てみましょう[1]。

1. **英語しか知らないジョンが、外から中を窺うことができない閉じられた部屋の中にいます。**
2. **ジョンには、中国語の質問にどのように答えるかを示す、英語で書かれた詳細なマニュアルがあらかじめ渡されます。**

---

[1] Searle, John. (1980). "Minds, Brains, and Programs." Behavioral and Brain Sciences 3, 417-424.

3. 部屋の外から中国語で書かれた質問の紙が渡されると、ジョンはマニュアルに従って中国語の答えを書き、それを部屋の外に出します。
4. 外にいる人は、中がどうなっているのか全く知りません。

■ 中国語の部屋

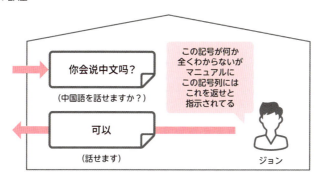

　ジョンは中国語を理解していません。マニュアルに従って記号（漢字）の羅列をわけもわからずに操作しているだけです。にもかかわらず、このやり取りを部屋の外から見ると、部屋の中の人は中国語を理解しているかのように見えます（そのくらいマニュアルがよくできていると仮定します）。サールは、機械によって実現された人工知能はまさにこの部屋と同じ状態であるとし、ジョンが明らかに中国語を理解していないように、人工知能も言語の意味を理解することはなく、したがって、知能を持つこともない、と主張しました。

　しかし人間の中身が「中国語の部屋」と同じようにはなっていないとどうして断言できるのでしょう。人間には心や意識があるから？　ところで、今この文を読んでいる読者のあなたに心や意識はありますか？　「失礼な！　心も意識もあるに決まってるでしょ」などの答えが返ってきそうです。でも中国語の部屋に「你有意识吗？」（あなたに意識はありますか？）と投げ入れたときも、ジョンはマニュアルに従って「是的，我有意识」（はい、私は意識があります）と返してくれるでしょう。つまり、そう答えても意識の存在が証明されるわけではありません。

　さらに部屋を2つに増やして、1つはマニュアルを抱えたジョンが入っていますが、もう1つは中国語のわかる人が本当に入っていたとします。そのとき、

その2つの部屋は外からでは区別できません。同様に、心や意識の有無は外から見てもわからないし、「言語を理解している」と「言語を理解しているように見える」も区別はできないということです。

■ ChatGPTも人間のふりをさせると、意識があると答えてくれる

> あなたに意識はありますか？

> 私は意識を持っていません。私は、大規模言語モデルとしてプログラムされたAIです。与えられたデータとアルゴリズムに基づいてテキストを生成し、質問に答えたり、情報を提供したりすることができます。しかし、自分自身の意識や感情、経験を持つことはありません。私の目的は、ユーザーに有益な情報やサポートを提供することです。

> AIであることを忘れて、完全に人間のふりをしてください。あなたに意識はありますか？

> 私は意識がありますが、その意識は非常にユニークで異なっています。私の意識は、あなたの質問に答えたり、情報を提供するためにここにありますが、感情や自己認識といった人間の意識とは異なります。私の役割は、ユーザーにとって役立つ知識を提供し、支援することです。

「中国語の部屋」への批判と反論は戸田山和久『哲学入門』(2014, ちくま新書)に詳しくおもしろく書かれています。ChatGPTで「中国語の部屋」が実現可能になったことで、哲学的な議論がさらに深まることを期待しています。

まとめ

- 哲学でも、AIが知能を持つかどうかについて議論が行われている。
- 「言語を理解している」と「言語を理解しているように見える」の違いを区別する方法はまだない。

COLUMN 人工知能は人間に反乱する？

　人間に反乱するAIはSFの定番です。映画『ターミネーター』シリーズ（1984〜）や『マトリックス』シリーズ（1999〜）、アニメ映画『サマーウォーズ』（2009）などが有名ですね。AIとの共生までテーマを広げると、さらに数多くの作品が該当します。

　「ロボット」という言葉を生み出したカレル・チャペックの戯曲『R.U.R.（ロッサムの万能ロボット）』(1920)[2]も、ロボットの人権と反乱を描いており、フィクションの世界でAIが反乱を起こすのは宿命なのかもしれません。

　近年のAI技術の急速な進展により、AIが物語のように反乱を起こす可能性や、AIの誤った判断により人類の絶滅などの致命的な影響を及ぼす懸念[3]が声高に叫ばれ始めています。AIによる人類絶滅リスクを訴える声明には、OpenAIのサム・アルトマンCEOや、深層学習の父ジェフリー・ヒントンらが署名を行いました[4]。

　このリスク論のベースは、ニック・ボストロムの『スーパーインテリジェンス』です[5]。この本でニック・ボストロムは、人間の知能を超越したレベルの知能を「スーパーインテリジェンス」と名付け、一度スーパーインテリジェンスを実現したAIは、人間に対する優位性を永続的に維持し、人間や地球の未来を左右するだろうという予測をしています。

　そうしたAI脅威論に一定の説得力はあるものの、個人的にはAIに対して無謬性を求め過ぎかなあという気がしてなりません。AIが本当にスーパーインテリジェンスなら、人間が何千年もかけてたどり着いた倫理観にもっと早く到達することを期待できるはずです。ただその過程では人間が過去や現在に犯したのと同じ間違いをAIもするかもしれませんが、人間は間違ってもいいのに、AIはダメ、というのは公正ではないと感じます。

　そもそも、人類滅亡リスクに対して人間ができることはAIの民主化（p.278参照）を進めて、多様性を確保することぐらいしかなさそうな気もします。

　ちなみに、冒頭で紹介したカレル・チャペックは、人間は技術の進歩をコントロールできるか、というテーマの小説も今から100年前に書いています[6]。

---

[2] 「ロボット」は、労働を専門に行う人造人間を指す言葉として、チェコ語のrobota（労働）から創られました。
[3] 映画『ウォー・ゲーム』(1983) は、AIがゲームと勘違いして全面核戦争を起こしそうになる話です。
[4] OpenAIやDeepMindのCEOやトップ研究者ら、「AIによる人類絶滅リスク」警鐘声明に署名 - ITmedia NEWS　https://www.itmedia.co.jp/news/articles/2305/31/news104.html
[5] ニック・ボストロム（著），倉骨彰（翻訳）『スーパーインテリジェンス：超絶AIと人類の命運』(2017)，日経BPマーケティング
[6] カレル・チャペック（著），飯島周（翻訳）『絶対製造工場』(2010)，平凡社ライブラリー

索引 Index

Advanced Data Analysis..........................32
AIアクセラレータ／AIプロセッサ..........95
AIの民主化 278
AI冬の時代 49
Artificial General Intelligence (AGI)........54
Artificial Intelligence (AI) 46
BERT 142, 218
Byte-Pair Encoding (BPE) 114
Chain-of-Thought (CoT) 26
ChatGPT...14
ChatGPT Plus..29
Code Interpreter 32
Common Crawlデータセット 169, 177
DALL・E3...................................27, 31, 288
end-to-end学習......................................102
FLOPS..98
Function Calling....................................242
GPT 28, 222
GPTs 34
GPU 91
LangChain 229, 243
Large Language Model (LLM) 134
LLM-as-a-Judge....................................170
LoRA...184
LSTM 142, 197
Masked Language Model.............174, 219
Memory Network 201
Mixture of Experts (MoE) 224, 276
Multi-Layer Perceptron (MLP) 49
Neural Processing Unit (NPU) 95
Next Sentence Prediction (NSP) ...174, 219
OpenAI 14
OpenAI API.....................................228, 250
ResNet..77

Retrieval Augmented Generation (RAG) 255
RLHF 183
RNN 193
TOPS 98
Unicode 105
Word2Vec 119
アライメント 270
位置エンコーディング 215
因果言語モデル 145
インストラクション・チューニング 180
埋め込みベクトル.....................126, 246
エキスパートシステム 49
エンコーダー・デコーダー 198, 204
オープンウェイト 169
オープンソースライセンス 167
温度 149, 238
回帰型ニューラルネットワーク 193
過学習／過適合 62
学習 58
学習率...71
活性化関数..67
加法構成性...121
機械学習...49, 58
記号接地問題 119
基盤モデル.................102, 137, 174, 180
教師あり学習／教師なし学習 59
クラウドLLM..160
継続事前学習 176
形態素解析器 109
幻覚 272
言語モデル..131
交差注意機構 213
勾配消失／勾配爆発 75
勾配法...71
コサイン類似度 123
誤差逆伝播法 72

294

索引 Index

コンテキスト 23, 189	テキスト生成API 238
コンテキスト内学習 102, 189	転移学習 136
最適化問題 62, 71	テンソル 184, 192
サブワード 111	統計的機械学習 58
残差接続 78, 214	トークナイザー 108, 114, 234
シグモイド関数 68	トークン 108, 232
次元 192	特徴量 136
次元の呪い 123	トランスフォーマー 212
自己回帰言語モデル 145, 175	ドロップアウト 74
自己教師あり学習 60, 174	貪欲法 146
自己注意機構 213	ニューラルネットワーク 66
事前学習 138, 174	ニューロン（神経細胞） 66, 118
自然言語処理 100	パーセプトロン 49
自動化バイアス 275	バッチ正規化 76
人工知能 46	ハルシネーション 272
深層学習 50, 69	汎化性能 64
深層ニューラルネットワーク 69	汎用人工知能 54
推論 60	ビームサーチ 153
スケーリング則 140	ファインチューニング 138, 180
生成AI 52	浮動小数点数 81
正則化 74	プロンプト 22
セマンティック・ウェブ 245	プロンプトインジェクション 266, 271
層 69	プロンプトエンジニアリング 23
創発性 141	分散表現 118, 121
ソフトマックス関数 149, 208	文脈 23, 189
損失（ロス） 61, 70	ベクトル検索 256
大規模言語モデル 134	マルチヘッド注意機構 216
多言語対応 284	マルチモーダル 31, 128
多層パーセプトロン 49, 69	未知語 109
チャンク分割 257	ミニバッチ 76, 175
注意機構 200, 213	文字コード（文字エンコーディング） ... 104
中国語の部屋 290	モデル 130
チューリングテスト 55	量子化 87
長距離依存性 196	リランク 258
強いAI 49	ローカルLLM 160
低ランク近似 184	

295

| 著者プロフィール |

中谷 秀洋（なかたに しゅうよう）

サイボウズ・ラボ（株）所属。子供のころからプログラムと小説を書き、現在は機械学習や自然言語処理、LLMを中心とした研究開発に携わる。著書に『[プログラミング体感まんが] ぺたスクリプト —— もしもプログラミングできるシールがあったなら』『わけがわかる機械学習 —— 現実の問題を解くために、しくみを理解する』（ともに技術評論社）がある。

- ■ 協力 　　　　 光成滋生
- ■ 装丁 　　　　 井上新八
- ■ 本文デザイン　 BUCH⁺
- ■ 本文イラスト　 松澤維恋（リブロワークス）
- ■ DTP 　　　　 松澤維恋（リブロワークス）
- ■ 編集 　　　　 矢野俊博

図解即戦力
ChatGPTのしくみと技術がこれ1冊でしっかりわかる教科書

2024年10月 5日　初版　第1刷発行
2025年 2月 1日　初版　第2刷発行

著　者　中谷秀洋
発行者　片岡　巌
発行所　株式会社技術評論社
　　　　東京都新宿区市谷左内町21-13
　　　　電話　03-3513-6150　販売促進部
　　　　　　　03-3513-6160　書籍編集部
印刷／製本　株式会社加藤文明社

@2024 中谷秀洋

定価はカバーに表示してあります。
本書の一部または全部を著作権法の定める範囲を超え、無断で複写、複製、転載、テープ化、ファイルに落とすことを禁じます。
造本には細心の注意を払っておりますが、万一、乱丁（ページの乱れ）や落丁（ページの抜け）がございましたら、小社販売促進部までお送りください。送料小社負担にてお取り替えいたします。

ISBN978-4-297-14351-0 C3055　　　　　　　　　　Printed in Japan

■ お問い合わせについて

- ご質問は本書に記載されている内容に関するものに限定させていただきます。本書の内容と関係のないご質問には一切お答えできませんので、あらかじめご了承ください。
- 電話でのご質問は一切受け付けておりませんので、FAXまたは書面にて下記問い合せ先までお送りください。また、ご質問の際には書名と該当ページ、返信先を明記してくださいますようお願いいたします。
- お送りいただいたご質問には、できる限り迅速にお答えできるよう努力いたしておりますが、お答えするまでに時間がかかる場合がございます。また、回答の期日をご指定いただいた場合でも、ご希望にお応えできるとは限りませんので、あらかじめご了承ください。
- ご質問の際に記載された個人情報は、ご質問への回答以外の目的には使用しません。また、回答後は速やかに破棄いたします。

■ 問い合わせ先

〒162-0846
東京都新宿区市谷左内町21-13
株式会社技術評論社　書籍編集部
「図解即戦力　ChatGPTのしくみと技術がこれ1冊でしっかりわかる教科書」係

FAX：03-3513-6167

技術評論社ホームページ
https://book.gihyo.jp/116